U0156655

"十四五"时期国家重点出版物出版专项规划·重大出版工程规划项目

变革性光科学与技术丛书

国家出版基金项目
NATIONAL PUBLICATION FOUNDATION

Laser Thermo–Sensitive Lithography：
Principle and Method

激光热敏光刻：
原理与方法

魏劲松　著

清華大学出版社

北京

内 容 简 介

本书首先对目前各种光刻技术的原理、方法和特点进行描述与分析比较，由此引出本书的主题——激光热敏光刻；然后详细阐述激光热敏光刻的物理过程、仪器系统、光刻策略、用于超越光斑尺寸的纳米光刻、跨尺度光刻、宽波段光刻、分辨率极限光刻、灰度图形光刻，以及图形转移的方法和相应的实验结果及应用事例。希望本书阐述的内容能从另一个角度分析和理解光刻，从而给目前的光刻技术带来变革性影响，以满足未来个性化和智能化的微电子芯片与微纳结构光电子器件的需求。

本书适合从事激光光刻与加工的工程技术人员、光刻胶研发人员、光刻工艺开发人员，以及高等院校和科研院所的光学工程、材料学、微纳加工、光学仪器等专业的研究生和本科生阅读使用。

图书在版编目（CIP）数据

激光热敏光刻：原理与方法/魏劲松著.—北京：清华大学出版社，2022.7
（变革性光科学与技术丛书）
ISBN 978-7-302-60745-8

Ⅰ．①激…　Ⅱ．①魏…　Ⅲ．①激光技术－应用－光刻设备－研究　Ⅳ．①TN305.7

中国版本图书馆 CIP 数据核字（2022）第 075917 号

责任编辑：鲁永芳
封面设计：意匠文化·丁奔亮
责任校对：赵丽敏
责任印制：杨　艳

出版发行：清华大学出版社
　　　　网　　址：http://www.tup.com.cn，http://www.wqbook.com
　　　　地　　址：北京清华大学学研大厦 A 座　　邮　　编：100084
　　　　社 总 机：010-83470000　　　　　　　邮　　购：010-62786544
　　　　投稿与读者服务：010-62776969，c-service@tup.tsinghua.edu.cn
　　　　质量反馈：010-62772015，zhiliang@tup.tsinghua.edu.cn
印 装 者：小森印刷（北京）有限公司
经　　销：全国新华书店
开　　本：170mm×240mm　　印　　张：14.75　　　字　　数：277 千字
版　　次：2022 年 8 月第 1 版　　　　　　　　印　　次：2022 年 8 月第 1 次印刷
定　　价：129.00 元

产品编号：096088-01

丛书编委会

主　编

罗先刚　　中国工程院院士，中国科学院光电技术研究所

编　委

周炳琨　　中国科学院院士，清华大学

许祖彦　　中国工程院院士，中国科学院理化技术研究所

杨国桢　　中国科学院院士，中国科学院物理研究所

吕跃广　　中国工程院院士，中国北方电子设备研究所

顾　敏　　澳大利亚科学院院士、澳大利亚技术科学与工程院院士、
　　　　　中国工程院外籍院士，皇家墨尔本理工大学

洪明辉　　新加坡工程院院士，新加坡国立大学

谭小地　　教授，北京理工大学、福建师范大学

段宣明　　研究员，中国科学院重庆绿色智能技术研究院

蒲明博　　研究员，中国科学院光电技术研究所

丛书序

　　光是生命能量的重要来源,也是现代信息社会的基础。早在几千年前人类便已开始了对光的研究,然而,真正的光学技术直到 400 年前才诞生,斯涅耳、牛顿、费马、惠更斯、菲涅耳、麦克斯韦、爱因斯坦等学者相继从不同角度研究了光的本性。从基础理论的角度看,光学经历了几何光学、波动光学、电磁光学、量子光学等阶段,每一阶段的变革都极大地促进了科学和技术的发展。例如,波动光学的出现使得调制光的手段不再限于折射和反射,利用光栅、菲涅耳波带片等简单的衍射型微结构即可实现分光、聚焦等功能;电磁光学的出现,促进了微波和光波技术的融合,催生了微波光子学等新的学科;量子光学则为新型光源和探测器的出现奠定了基础。

　　伴随着理论突破,20 世纪见证了诸多变革性光学技术的诞生和发展,它们在一定程度上使得过去 100 年成为人类历史长河中发展最为迅速、变革最为剧烈的一个阶段。典型的变革性光学技术包括激光技术、光纤通信技术、CCD 成像技术、LED 照明技术、全息显示技术等。激光作为美国 20 世纪的四大发明之一(另外三项为原子能、计算机和半导体),是光学技术上的重大里程碑。由于其极高的亮度、相干性和单色性,激光在光通信、先进制造、生物医疗、精密测量、激光武器乃至激光核聚变等技术中均发挥了至关重要的作用。

　　光通信技术是近年来另一项快速发展的光学技术,与微波无线通信一起极大地改变了世界的格局,使"地球村"成为现实。光学通信的变革起源于 20 世纪 60 年代,高琨提出用光代替电流,用玻璃纤维代替金属导线实现信号传输的设想。1970 年,美国康宁公司研制出损耗为 20 dB/km 的光纤,使光纤中的远距离光传输成为可能,高琨也因此获得了 2009 年的诺贝尔物理学奖。

　　除了激光和光纤之外,光学技术还改变了沿用数百年的照明、成像等技术。以最常见的照明技术为例,自 1879 年爱迪生发明白炽灯以来,钨丝的热辐射一直是最常见的照明光源。然而,受制于其极低的能量转化效率,替代性的照明技术一直是人们不断追求的目标。从水银灯的发明到荧光灯的广泛使用,再到获得 2014 年诺贝尔物理学奖的蓝光 LED,新型节能光源已经使得地球上的夜晚不再黑暗。另外,CCD 的出现为便携式相机的推广打通了最后一个障碍,使得信息社会更加丰富多彩。

20世纪末以来,光学技术虽然仍在快速发展,但其速度已经大幅减慢,以至于很多学者认为光学技术已经发展到瓶颈期。以大口径望远镜为例,虽然早在1993年美国就建造出10 m口径的"凯克望远镜",但迄今为止望远镜的口径仍然没有得到大幅增加。美国的30 m望远镜仍在规划之中,而欧洲的OWL百米望远镜则由于经费不足而取消。在光学光刻方面,受到衍射极限的限制,光刻分辨率取决于波长和数值孔径,导致传统i线(波长为365 nm)光刻机单次曝光分辨率在200 nm以上,而每台高精度的193光刻机成本达到数亿元人民币,且单次曝光分辨率也仅为38 nm。

在上述所有光学技术中,光波调制的物理基础都在于光与物质(包括增益介质、透镜、反射镜、光刻胶等)的相互作用。随着光学技术从宏观走向微观,近年来的研究表明:在小于波长的尺度上(即亚波长尺度),规则排列的微结构可作为人造"原子"和"分子",分别对入射光波的电场和磁场产生响应。在这些微观结构中,光与物质的相互作用变得比传统理论中预言的更强,从而突破了诸多理论上的瓶颈难题,包括折反射定律、衍射极限、吸收厚度-带宽极限等,在大口径望远镜、超分辨成像、太阳能、隐身和反隐身等技术中具有重要应用前景。譬如,基于梯度渐变的表面微结构,人们研制了多种平面的光学透镜,能够将几乎全部入射光波聚集到焦点,且焦斑的尺寸可突破经典的瑞利衍射极限,这一技术为新型大口径、多功能成像透镜的研制奠定了基础。

此外,具有潜在变革性的光学技术还包括量子保密通信、太赫兹技术、涡旋光束、纳米激光器、单光子和单像元成像技术、超快成像、多维度光学存储、柔性光学、三维彩色显示技术等。它们从时间、空间、量子态等不同维度对光波进行操控,形成了覆盖光源、传输模式、探测器的全链条创新技术格局。

值此技术变革的肇始期,清华大学出版社组织出版"变革性光科学与技术丛书",是本领域的一大幸事。本丛书的作者均为长期活跃在科研第一线,对相关科学和技术的历史、现状和发展趋势具有深刻理解的国内外知名学者。相信通过本丛书的出版,将会更为系统地梳理本领域的技术发展脉络,促进相关技术的更快速发展,为高校教师、学生以及科学爱好者提供沟通和交流平台。

是为序。

罗先刚

2018年7月

前 言

　　光刻已经广泛应用于微电子芯片和微纳结构光电子器件(如集成光学与衍射光学器件)的制造。随着技术的发展,人们对光刻也提出了更高的要求,如更小的特征尺寸、更大的光刻面积、更高的光刻速度、更简化的工艺流程,以及满足更加个性化的需求。在光刻的发展历程中,研究人员提出了各种各样的光刻方法,大致可以分为以下几类:①高能束(如电子束、软X射线、聚焦粒子束)光刻,优点是能实现高分辨率的图形结构,缺点是设备昂贵,需真空操作,光刻速度慢和光刻面积小;②探针(如热探针、近场探针、扫描隧道探针)光刻,优点是可在大气环境中操作,可得到任意高分辨率的图形结构,缺点是光刻速度极慢,难以大面积光刻;③模板(如掩模曝光、纳米压印、模板自组装等)光刻是一种低成本、高效率的微纳结构刻写加工方法,但昂贵的纳米结构模板使得其难以在个性化、小批量的微纳结构器件中得到应用。

　　激光直写也是应用非常广泛的一种光刻方法,其基本过程是激光束斑作用于有机光刻胶薄膜上,有机光刻胶薄膜吸收光子能量后发生光化学反应(即曝光),然后进一步显影刻蚀得到图形结构。激光直写由于能在大气环境中进行大面积任意图形结构的快速加工等特点,使得其在微电子光刻掩模板、集成光学和衍射光学器件的制造中得到了较为广泛的应用。传统的激光光刻曝光过程是一种光化学反应,是激光光敏模式的光刻,称为激光光敏(photon-mode)光刻,即激光束作用于光刻胶薄膜(光刻胶薄膜一般为有机材料),光刻胶薄膜吸收光子能量后直接导致化学键等结构变化,完成曝光。曝光后再进行一系列的后烘和湿刻等过程,将图形转移到所需要的硅片或其他基片上,完成整个光刻过程。

　　尽管光敏光刻已被广泛应用,然而仍具有如下一些不足。

　　(1)光刻特征尺寸受制于光学衍射极限,难以获得分辨率低于光学衍射极限的光刻图形。

　　(2)难以进行跨尺度光刻。对于一台光刻机,由于激光波长和透镜的数值孔径已经固化,因此特征线宽也随之固定,难以进行跨尺度(光刻特征尺寸任意可调)光刻。

　　(3)光刻工艺流程复杂。由于采用有机光刻胶,其含有光酸剂等物质,导致光刻前要进行预烘处理,光刻后要进行后烘及图形固化处理等,整个光刻工艺流程复杂,难以满足特殊化和个性化需求。

(4) 光刻分辨率受制于分子结构尺寸,导致光刻图形的分辨率和边缘粗糙度难以达到亚纳米甚至原子级。

(5) 光刻胶薄膜的选择性和单一性。光敏光刻采用有机材料作为光刻胶,有机薄膜对光波的吸收具有波长选择性,导致光刻胶薄膜的单一性,即一种波长的光刻仪器需要研制合成相应的光刻胶。

(6) 难以实现宽波段光刻。光刻胶薄膜对光波的选择性吸收决定了一种光刻胶只能采用相对应波长的光刻机,不能实现一种光刻胶既能用于可见光光刻,又能用于深紫外/极紫外(DUV/EUV)光刻。

(7) 图形结构高度由仪器的景深决定。对于短波长光刻仪器,难以达到高度大于 100 nm 的图形。

激光热敏(heat-mode)光刻从物理本质上就不同于光敏光刻,是一种光致热物理反应(包括光致热相变、热非线性、热扩散等),尽管它们都采用激光作为能量源(热敏光刻也可以采用电子束或焦耳热等来提供能量源)。激光热敏光刻的基本原理:激光束斑作用于热敏光刻胶薄膜,热敏光刻胶吸收光子,光子不会直接破坏热敏光刻胶的价键和晶体结构,而是将吸收的光子能量进一步转化成晶格振动,导致热敏光刻胶的温度升高,温度升至某种阈值(如结构相变和晶化)后,热敏光刻胶的价键结构或晶体结构才会发生变化,从而实现曝光。曝光后再利用其选择刻蚀特性进行湿刻,从而完成整个光刻流程。

激光热敏光刻具有以下特点。

(1) 宽波段光刻。热敏光刻的光刻胶一般采用无机非金属薄膜材料,这类材料的吸收光谱一般覆盖从近红外到极紫外的整个光刻曝光波段,可以称为宽波段光刻胶,满足宽波段光刻要求。

(2) 突破衍射极限的光刻。光刻特征尺寸不再受制于光学衍射极限,而是取决于热致结构变化区域的尺寸,而该区域的尺寸不仅受到光斑约束,而且会进一步受到热致相变阈值、热致非线性以及热扩散等多重约束。

(3) 跨尺度光刻。光刻中激光光斑的强度一般呈高斯分布,光斑中心的温度高,向四周扩散并逐渐降低,通过调控热扩散通道和曝光策略,能实现跨尺度光刻。

(4) 亚纳米甚至原子级的图形分辨率。热敏光刻胶一般是无机非金属薄膜,其基本的组成单元是原子,这也决定了热敏光刻的图形结构分辨率和边缘粗糙度能达到亚纳米甚至原子级。

(5) 光刻工艺流程大为简化。热敏光刻胶采用无机非金属薄膜材料,没有交联剂和光酸剂等中间物质,光刻无需固化、预烘和后烘等处理,光刻过程也不会产生气泡等副产物,光刻流程只有涂胶、曝光、湿刻、清洗,因此光刻工艺大为简化。

目　录

第 ① 章

光刻技术研究现状

1.1 引言

光刻是制备微电子芯片和微纳结构光电子器件的关键技术之一。通常在光刻胶薄膜上采用曝光和刻蚀技术获得图形结构,随后进一步转移到衬底上。当前光刻技术中,所用光刻胶为光敏光刻胶,曝光一般基于光刻胶吸收光能量,产生光化学反应,即光敏光刻。为满足不同的制备需求,科研人员提出了不同的光刻方法,包括模板法光刻、真空法光刻和探针法光刻等。

1.2 光刻方法

1.2.1 掩模曝光技术

模板法光刻中,首先利用无掩模光刻方法,如激光直写和电子束直写,制备出具有微纳结构的模板或掩模版,随后通过投影光刻或纳米压印技术,将模板或掩模版上的微纳结构转移到硅晶圆上[1-2]。模板法光刻适合大批量生产应用,如生产超大规模集成电路芯片(integrated circuit,IC)等。

1. 深紫外/极紫外投影曝光

投影光刻已被用于超大规模集成电路芯片的批量生产中。根据技术的发展和各自的生产方式,投影光刻可分为折射式投影光刻和反射式投影光刻。

1) 折射式投影光刻

集成电路制造过程中,最早采用的是接触式光刻技术。在接触模式中,掩模版与光刻胶薄膜的接触方式为直接接触或接近接触,掩模版上的结构按照 1∶1 比例映射到光刻胶上[3]。为了提高分辨率、减小掩模损伤及污染问题,科研人员提出了投影光刻,该方法可将掩模版上的结构以 5∶1 或者 10∶1 的比例缩微到光刻胶上[4]。目前主要采用投影光刻技术进行亚微米结构制造,图 1.1 给出了投影光刻技术的基本原理,其中光源发出的光被准直为平行光束照射到掩模版上,最终透过掩模版聚焦在光刻胶上。投影光刻系统的分辨率极限(R)可表示为

$$R = k_1 \frac{\lambda}{NA} \tag{1.1}$$

式中:λ 为光源的波长;NA 为投影物镜的数值孔径;k_1 为光刻工艺因子。从式(1.1)可以看到,为提高光刻系统的分辨率,需要增加 NA 并减小光源波长。

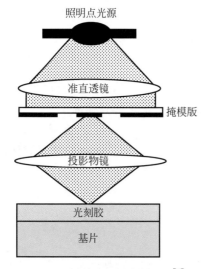

图 1.1　折射式投影光刻系统[4]

早期,波长为 436 nm 的汞灯被用作曝光光源。然而随着掩模版特征尺寸的减小,波长更短的 365 nm 光源被用于曝光系统。然而,随着芯片制程的逐步减小,额外的加工需求使得在更小特征尺寸的掩模版上进行成像曝光变得更加困难,难以满足 IC 芯片的大批量生产,这是由于汞灯产生的光子能量较小造成的。准分子激光具有高光子能量和更短的波长,通常被选为集成电路中光刻机的曝光光源。准分子激光器主要基于脉冲气体放电,可产生紫外波段的激光。在集成电路制造中,准分子激光器产生的波长主要为 193 nm,位于深紫外(DUV)区域,目前基于该波长制备的芯片最小特征尺寸已减小到 10 nm 量级。然而,采用该波段的激光光源进行光刻曝光,由于复杂的制造工艺及日益增加的生产成本,进一步减小特征尺寸面临着巨大的挑战。

2) 反射式投影光刻

目前,研发人员提出采用极紫外(EUV)光刻技术,将结构的特征尺寸进一步减小到 3～7 nm,同时降低生产成本[5]。EUV 严格意义上已不再是一种光学辐射,其曝光波长约为 13.6 nm,被称为软 X 射线。几乎所有材料在该波段都产生强烈的吸收,一般的折射光学系统将不再适用,因此提出了一种反射式光学系统用于极紫外光刻,其基本原理如图 1.2 所示。极紫外光源产生的光束被一组反射镜收

集,并投影到 EUV 掩模上,再被反射到另一组反射镜,反射的 EUV 光束聚焦到极紫外光刻胶上。极紫外光刻过程需要在真空环境下进行,以减小空气对极紫外光的吸收[6]。

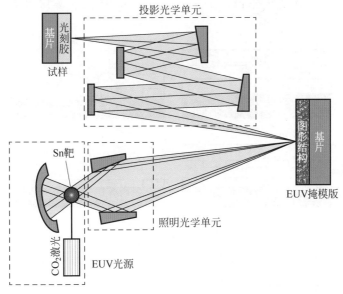

图 1.2　极紫外光刻系统[6-7]

基于 EUV 光刻技术,芯片特征尺寸可进一步减小到 7 nm 节点及以下[8-9]。相较于深紫外光刻,EUV 光刻的工艺复杂度低,同时 EUV 光刻增加了设计的灵活性,缩短了生产周期,降低了制造成本。

尽管投影光刻可实现大批量生产且生产效率高,但其昂贵的光刻系统及掩模版成本,使得投影光刻不适合个性化和小批量制造。

2. 纳米压印光刻

纳米压印光刻(nanoimprint lithography,NIL)具有不同类型,主流的纳米压印光刻包括热压印光刻、室温纳米压印光刻、紫外固化纳米压印光刻和反向纳米压印光刻等。

1)热压印光刻

热压印光刻的基本工艺步骤如图 1.3 所示[10],工艺流程如下。

(1)衬底上旋涂聚合物薄膜:在平整衬底基片上沉积厚度为 100～200 nm 的聚合物薄膜,将其加热至 50～100℃ 的玻璃转变温度后进行退火。

(2)压印:根据聚合物薄膜的黏性,将载有表面微凹凸结构的压印模板压在聚合物薄膜上,压力大小为 50～100 Pa。为了防止压印模板接触到衬底材料,压印深度应略小于薄膜厚度。

（3）移除模板：当温度降低到50℃附近时，压印模板和聚合物薄膜自动分离，压印模板的图形被转移到聚合物薄膜上。

（4）通过反应离子束刻蚀（reactive ion etching，RIE）去除压印区域的残胶，露出衬底表面。

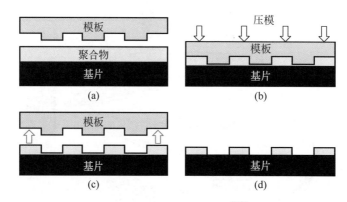

图 1.3　热压印光刻机理[10]

（a）基本构造；（b）压印模板；（c）移除模板；（d）反应离子束刻蚀去除残留光刻胶

2）室温纳米压印光刻

室温纳米压印光刻（room temperature nanoimprint lithography，RT-NIL）包括单层和双层两种模式[3]。图 1.4 给出了双层模式的室温纳米压印光刻过程，采用氢倍半硅氧烷聚合物/聚甲基丙烯酸甲酯（HSQ/PMMA）双层结构，压印图形通过反应离子刻蚀被进一步转移到底层。设计的样品结构为"HSQ（40 nm）/PMMA（150 nm）/硅基板"，加热到较高温度时，HSQ 材料具有类似于 SiO_2 的性质。

室温纳米压印光刻基本流程如下：

（1）硅基板上沉积 PMMA 薄膜；

（2）180℃的环境下，烘烤 PMMA 薄膜 1 h；

（3）PMMA 薄膜上沉积 HSQ 薄膜；

（4）以 150℃烘烤样品 2 min，随后在烘箱中以 180℃的温度烘烤样品 20 min；

（5）采用 Si 压印模板在样品表面压印图形结构，压力大小为 440 bar*；

（6）利用氧反应离子束刻蚀，将 HSQ 上的图形转移到 PMMA 薄膜上；

（7）利用反应离子刻蚀去除残胶。

与热压印光刻和单层室温纳米压印光刻相比，双层室温纳米压印光刻技术呈现出以下特点：

　＊　1 bar＝100 kPa。

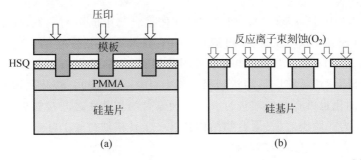

图 1.4　基于室温纳米压印及氧离子刻蚀的 HSQ/PMMA 双层光刻机理[3]

（1）采用反应离子束刻蚀技术，可在 PMMA 薄膜上得到高深宽比的图形；
（2）由于 HSQ 材料对氧离子的高抗刻蚀性，HSQ 薄膜的厚度仅为 40 nm；
（3）PMMA 薄膜可作为缓冲层，为硅基板提供软着陆，避免损坏模板；
（4）压印模板可重复利用，无需额外清洗。

3）紫外固化纳米压印光刻

纳米压印光刻可在室温环境下操作，但压印过程需要高压环境。紫外固化纳米压印光刻(UV-NIL)兼顾低压和室温两个优点[3]。图 1.5 描述了紫外固化纳米压印光刻的流程，类似于热压印光刻。二者的主要差异在于使用透明的压印模板（如石英玻璃）和紫外固化聚合物。室温下，紫外固化聚合物的黏度在 $50\sim200$ mPa·s，将模板压在液体聚合物薄膜上所需压力较小（小于 1 bar），紫外光辐射透明的压印模板，从而使液态聚合物固化，形成图形结构。

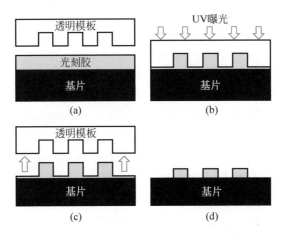

图 1.5　紫外固化纳米压印光刻机理[3]

（a）基本构造；（b）紫外曝光导致聚合物固化；（c）去模；（d）RIE 移除剩余聚合物

4）反向纳米压印光刻

图 1.6 为反向纳米压印光刻过程示意图[3]。旋涂在模板上的聚合物填充在模

板的结构凹槽中(图 1.6(a))。通过软烘法使聚合物中的溶剂蒸发,如果聚合物为聚苯乙烯(PS)或 PMMA 材料,可通过热压印法将聚合物模板结构转移到平坦的衬底上(图 1.6(b1));若聚合物为紫外固化材料,如负性光敏光刻胶或透明模板,可通过紫外固化法转移图形结构到聚合物上(图 1.6(b2))。若基底透明而模板不透明,紫外固化也可在基底端进行。为了使聚合物和基底之间接触更紧密,需要施加一定的压力。脱模之后,聚合物结构被进一步转移到衬底上(图 1.6(c)),这与传统纳米压印光刻得到的结果一致。

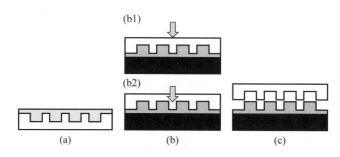

图 1.6　反向纳米压印光刻工艺[3]

(a) 旋涂聚合物模板；(b1) 反向热压印；(b2) 反向紫外固化压印；(c) 去模

纳米压印光刻可制造高分辨率的纳米结构,且具有低成本、高效率和批量生产等优点。然而,由于压印模板和光刻胶材料为直接接触方式,因此压印模板容易被污染。此外,高分辨纳米压印模板通常利用电子束光刻制备,当模板结构在纳米尺度时,制造大尺寸压印模板成本昂贵。

3. 化学自组装

化学自组装可自发形成图形结构而无需人为干预[11]。自组装过程发生在分子级别,通过非共价键或弱共价键组装,例如,范德瓦耳斯键、静电作用、疏水作用或界面氢键等。基于重力、毛细作用、外部电磁作用,自组装过程同样可发生在宏观尺度。自组装过程中,各部分以特定顺序移动与排列。因此该过程必须发生在液相中或者光滑的表面上,这样各部分才能相互作用和影响。

在真实的自组装过程中,图形结构的形成受多种因素影响,如发生环境、外界能量输入和几何边界限定等,最终获得的图形结构是一个平衡状态,其各部分保持相等的距离而不是随机地聚合。一旦分子相互作用达到平衡状态,图形结构就会呈现长程有序的规则排列。

基于化学自组装的纳米结构制备过程如图 1.7 所示[12]。聚对苯二甲酸乙二醇酯(PET)由于在可见波段透明被选作柔性衬底。首先,采用电子束蒸发技术在衬底上沉积一层 Si 薄膜。其次,在 Si 薄膜表面自组装单层聚苯乙烯球,呈现六方晶格排列。再通过等离子体刻蚀技术将图形结构转移到 Si 薄膜表面,图形转移过程中,PS 球起到掩模作用。最后,将样品浸泡在三氯甲烷溶液中去除聚乙烯材料,在柔性衬底上形成 Si 纳米结构。

化学自组装技术仅可制造周期性的微纳结构,如纳米孔和纳米盘等,而一些具有复杂非周期的结构制备比较困难。

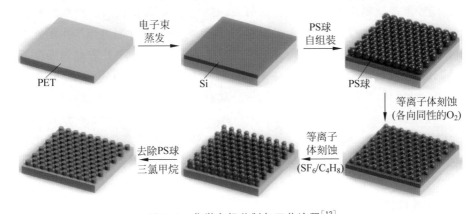

图 1.7　化学自组装制备工艺流程[12]

1.2.2　无掩模光刻

无掩模光刻技术适合进行个性化和小批量的微纳结构制造[13]。为满足不同需求,科研人员近年来提出了多种无掩模光刻方法,包括高能量束直写、扫描探针光刻和激光直写光刻等。

1. 高能量束光刻

高能量束一般包括电子束、聚焦离子束、X 射线等。高能量束光刻具有高分辨率的优点,可用于个性化制造及任意纳米结构制备。高能量束光刻一般在高真空环境下进行,因此加工速度慢且成本较高。

1)电子束光刻

电子束光刻(EBL)起源于 20 世纪 60 年代,与光学光刻的起源时间一致[14]。电子束光刻采用高斯电子束或可变形电子束来实现高分辨率和高吞吐量需求,分辨率和吞吐量之间的权衡取决于电子束流和光刻胶灵敏度。一般来讲,高电流和高灵敏度会降低光刻分辨率,提高吞吐量。

事实上,由于发现了一种名为聚甲基丙烯酸甲酯(PMMA)的电子束敏感聚合物材料,电子束光刻开始从扫描电子显微镜演化而来[15]。由于电子光学能产生精细电子束,使用 PMMA 光刻胶的电子束光刻具有比光学光刻更高的分辨率。到目前为止,电子束光刻结合特殊的电子束光刻胶和工艺,可以制备特征尺寸为 5 nm

的微结构[16]。目前最先进的电子束光刻已广泛应用于介观结构的制造,其独特的优点在于分辨率高、加工可靠性高、定位与对准精度高,以及图形加工灵活性强。

2) 聚焦离子束光刻

与电子相比,离子具有更大的质量。例如,一个氢离子的质量是一个电子质量的 1840 倍。高质量的离子使其无需通过光刻胶曝光,可直接在材料表面制造微纳结构。随着液态金属离子源(LMIS)的引入,聚焦离子束真正成为一种纳米结构制造工具[17]。镓是最常用的液态金属材料,其熔点为 29.8℃。高电压产生的静电力作用在液态金属上,把液态金属拉成一个极小的尖端,液态尖端处的电场强度可达 10^{10} V/m。在极高的电场下,液体尖端的金属原子被电离,以场蒸发的形式从液态金属表面逸出,从而产生离子发射。尽管总发射电流仅为微安量级,但由于液体尖端的发射面积极小,电流密度可高达 10^{6} A/cm^2 量级。LMIS 使离子束聚焦到 5 nm 以下成为可能。聚焦离子束是一种精细的束流且离子质量大,在某些化学气体的辅助下,以极高的精度直接从表面去除材料,也可直接沉积材料。聚焦离子束成为一种真正灵活且通用的纳米制造工具[18]。

2. 扫描探针光刻

扫描探针光刻技术起源于扫描探针显微镜。扫描探针显微镜可在纳米和原子尺度上成像、修饰和操纵表面。基于在材料表面进行原子尺度的操纵和修饰特点而提出的扫描探针光刻(SPL)方法,具有纳米级分辨率、操作简单等优点,具有加工有机分子、蛋白质和聚合物的能力,该方法通常用于学术研究。

事实上,SPL 的产生主要包括如下两个原因:

(1) 光刻过程包括机械、热、静电、化学相互作用或它们的不同组合,尖锐的探针通过接触样品表面或接近样品表面纳米级区域进行控制;

(2) 通过不同的方法来控制扫描探针相对于下表面的位置,如探针和导电表面的量子隧穿(对应于扫描隧穿显微镜)及控制探针和表面之间的作用力(对应于原子力显微镜)。

SPL 示意图如图 1.8(a)所示,其中探针用于修饰材料表面[19]。SPL 可根据光刻过程中使用的驱动机制(如热、电、机械和扩散等)进行分类,如图 1.8(b)所示。这些方法具有一个共同的特点,即使用扫描探针尖端在材料表面进行局部修饰。

相比于电子束光刻等其他技术,SPL 具有如下优点:

(1) SPL 为单步工艺,无需后续的湿法显影;

(2) SPL 兼具成像和光刻功能,成像过程既不影响结构制备,也不涉及光刻操作。

SPL 具有纳米级的制备能力,但探针尖端的寿命较短,刻写速率慢,图形制备效率低。

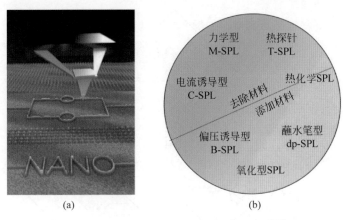

图 1.8　基于扫描探针光刻的图形化应用[19]

(a) 探针光刻机理；(b) 基于针尖-表面相互作用的扫描探针光刻分类

3. 激光直写光刻

激光直写(LDW)光刻以其刻写速率快、图形面积大、操作方便等优点,在微纳结构的制备中获得了广泛的应用。激光直写光刻可分为激光干涉光刻、数字微镜光刻、波带片阵列光刻和聚焦激光直写光刻等。

1) 激光干涉光刻

激光干涉光刻(LIL)是一种光学光刻技术,可在 1 μm 以下的高分辨率下快速制备大面积周期性微纳结构[20-21]。光的干涉是指光波的相互作用,产生周期性的最大和最小光强分布。由于来自相同的光源或具有相同的波长,这些光波彼此相干。干涉图案包含周期性极大值和极小值的强度分布,辐射到二维(薄)或三维(厚)光刻胶上,可形成周期性的微纳结构。

LIL 原理如图 1.9 所示,激光束通过针孔聚焦(用于提高相干性),并通过准直镜准直,分成两束,由两个反射镜反射到旋涂有光敏光刻胶的基片上,形成干涉图案。基于光致曝光效应,干涉图形被进一步记录到光敏光刻胶上。

LIL 系统结构简单,无需掩模辅助,可直接在光敏光刻胶上制备大面积的图形结构。然而,LIL 只能制备周期性的点阵或线光栅结构,难以制备任意非周期性结构。

2) 数字微镜光刻

数字微镜(DMD)光刻是高速无掩模光刻技术之一[22-23]。DMD 光刻系统的原理如图 1.10 所示,该系统采用波长为 430 nm 的发光二极管(LED)作为光源。为了使光强均匀分布,采用科勒照明和光强均匀化单元。图形分辨率和单次曝光面积取决于光源的波长及物镜的数值孔径(NA)和物镜放大能力。例如,放大倍数

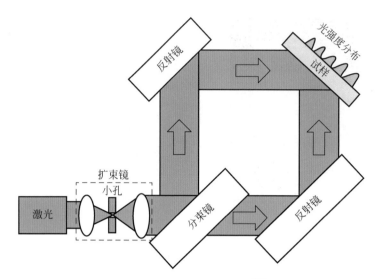

图 1.9　激光干涉光刻原理[20]

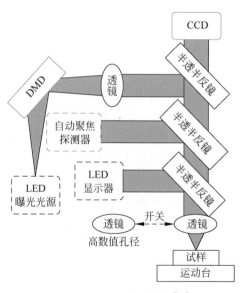

图 1.10　DMD 光刻原理[23]

为 10 和 100 的物镜分辨率分别为 1 μm 和 300 nm。低数值孔径和高数值孔径的物镜一次曝光刻写面积分别为 768 μm×1024 μm 和 76.8 μm×102.4 μm。为了进行大面积图形拼接,还需具备高精度位移平台,其 x-y 方向精度需达到 20 nm。

　　具体的光刻流程如下。

(1) 准备 BMP、GDSII 或 DXF 格式的曝光图像文件。

（2）将图像分割成更小的子图像，每个子图像必须小于 DMD 单元尺寸（768 像素×1024 像素）。

（3）通过自动对焦（AF）系统将来自 DMD 的图像光束聚焦在硅表面。

（4）将样品台移动到下一个曝光位置，开始自动对焦并曝光。重复上述步骤直到所有图像被曝光。

使用 DMD 光刻技术，无需任何类型的掩模，可快速曝光大面积图像。然而，大面积或高精度的图形拼接较困难，影响光刻的吞吐量。

3）波带片阵列光刻

波带片阵列光刻（ZPAL）是一种较为新颖的无掩模光刻技术，为芯片的创新设计提供了内在的灵活性和快速的生产周期[24]。ZPAL 原理如图 1.11 所示，其中波带片阵列实际上类似于衍射透镜阵列，光源采用波长为 405 nm 的 GaN 半导体激光器。衍射透镜将入射光聚焦成光斑阵列辐射到晶圆基底上。衍射极限光斑的大小由透镜的数值孔径决定。使用微机电系统独立控制每束入射光，可实现任意图形的制备。

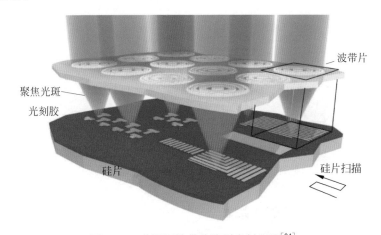

聚焦光斑
光刻胶
硅片
波带片
硅片扫描

图 1.11 菲涅耳波带片阵列光刻原理[24]

光刻过程中，工作台采用蛇形运动方式对波带片下方的晶圆进行高精度扫描。控制软件与多路复用器同步，以便在基片上产生所需的图案。图形上的地址网格小于最小特征尺寸，这使得线条平滑、线宽均匀且边缘位置控制精确。然而，由于衍射透镜可以聚焦任何波长的光，因此，ZPAL 技术提供了一种可以将光刻波长扩展到较短波长的解决方案，而无需对原有系统进行较大改动。由于衍射元件具有很大的色差，光源的波长带宽必须足够小。

在 ZAPL 中，波带片由彼此相位差为 π 的同心环组成。焦平面上这些环的一阶衍射相互干涉而形成类似的聚焦光斑。波带片聚焦效率约为 40%。波带片阵列由许多波带片组成，通常以熔融石英玻璃作为基底材料，采用激光直写和电子束直写在熔融石英玻璃上制备，其数值孔径为 $0.70 \sim 0.95$。

ZPAL 虽然结合了无掩模光刻和并行光束刻写系统的优势，但依然存在部分问题亟待解决：

（1）图形分辨率仍受限于激光波长；

（2）光刻系统效率受运动台速度和激光功率的影响；

（3）多路复用器拼接速度亟待提高，以满足系统大批量生产需求。

4）聚焦激光直写

聚焦激光直写是一种常见的光刻方法[25-26]。聚焦激光直写系统的原理如图 1.12 所示。蓝紫激光器发射出波长为 405 nm 的激光束，经滤波和扩束后，反射到物镜，聚焦成衍射极限光斑投射到样品表面。样品放置在移动平台上，如二维压电陶瓷。蓝紫激光器的高频 TTL 调制端口连接到信号发生器，激光可调制成任意脉冲光。激光直写过程中，采用伺服跟踪方式使样品保持在物镜的焦平面上，物镜被安装在 z 方向的压电陶瓷上，可以进行上下伺服运动。

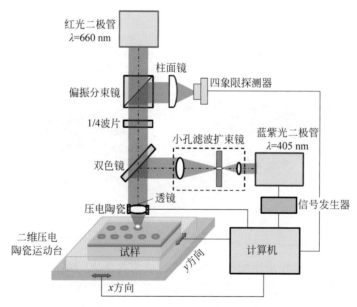

图 1.12　聚焦激光直写光刻原理[25]

伺服跟踪采用像散法，其中 p 偏振的红光激光束通过偏振分束器和 1/4 波片进入物镜，聚焦于样品表面，经样品反射后，红光再次通过 1/4 波片，成为 s 偏振光，s 偏振光通过柱透镜在四象限探测器上形成焦斑。根据像散法原理，通过柱透镜的焦斑形状可根据物镜焦平面上的样品位置进行调节，包括圆斑、一、三象限椭圆斑及二、四象限椭圆斑。根据四象限探测器的信号,PZT 将带动物镜沿 z 方向上下移动。结合运动台、图形发生器和激光脉冲信号发生器可实现任意图形刻写。

激光直写光刻可在大气环境下操作,可实现大面积、高产量结构制备。然而,激光直写难以克服光学衍射极限,难以实现从微米到纳米跨尺度结构制备。

1.2.3　光刻技术优缺点

不同光刻技术对比见表 1.1,由表可知模板基光刻具有效率高、可批量生产等优点,但是不适宜个性化和小批量制造。激光干涉光刻可实现无掩模制造且产量较高,但干涉光刻仅可制备周期性的点阵或线光栅结构,难以制造任意非周期图形结构。另外,扫描探针光刻的刻写速率一般在微米每秒量级,相比传统激光光刻,其刻写速率仍存在数量级的差距。另外,扫描探针光刻工作面积较小,只适用于目标表面较小的图形制备。激光直写技术可实现大气环境操作,可进行大面积结构制备且产量高。然而,由于存在光学衍射极限制约,在从微米到纳米的跨尺度结构制备等方面依然面临诸多挑战。

表 1.1　不同光刻方法比较

光刻方法		特征尺寸 (<200 nm)	高速	大面积	低成本	易操作	任意图形	大气环境
激光直写		否	是	是	是	是	是	是
扫描探针光刻	热探针	是	否	否	否	否	是	是
	蘸笔光刻							
	光学探针							
真空基光刻	聚焦离子束	是	否	否	否	否	是	否
	电子束							
	极紫外							
	X 射线							
模板基光刻	纳米压印	是	是	是	是	是	是	是
	投影曝光							
	化学自组装							

光刻一般在有机光敏光刻胶上进行,由于涉及软烘、后烘(PEB)和硬烘等步骤,光刻工艺程序复杂。此外,光刻分辨率受限于有机分子结构,其中有机光敏光刻胶内部存在较大的分子基团,因此某些情况下,具有大分子结构的光敏光刻胶存在图形分辨率低和线边缘粗糙度大等问题。

1.3 光敏光刻胶材料

光刻中的曝光一般基于光刻胶薄膜吸收光子后的光化学反应。这些光刻胶称为光敏光刻胶材料。到目前为止，光敏光刻胶材料主要包括有机光刻胶和 S/Se 基硫系薄膜。

1.3.1 有机光刻胶薄膜

迄今为止，光敏光刻胶已广泛应用于集成电路和其他微纳结构制造。光刻工艺流程如图 1.13(a)所示，包括基片清洗、旋涂光刻胶、预烘、曝光、后烘、显影、硬烘等[27]，主要工艺流程如下。

（1）光敏光刻胶溶液制备：光敏光刻胶材料溶于溶剂形成光刻胶溶液。

（2）光敏光刻胶薄膜制备：光敏光刻胶溶液旋涂在晶圆上形成光敏光刻胶薄膜。

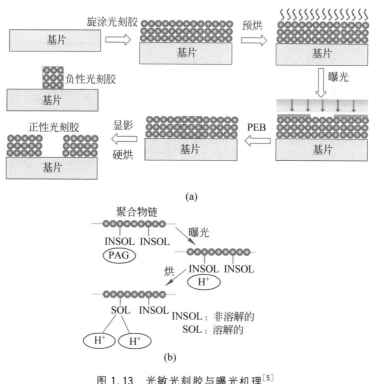

(a)

(b)

图 1.13　光敏光刻胶与曝光机理[5]

（a）光刻流程；（b）后烘机理

（3）预烘：去除残留溶剂。

（4）曝光：光敏光刻胶被曝光后，光刻胶中的光致产酸剂（PAG）会吸收一个光子，并产生一个 H^+。

（5）后烘：后烘可进一步使 H^+ 与不溶基团相互作用，从而提高曝光部分在显影液中的溶解度。同时，后烘过程会释放额外的 H^+，使曝光区的不溶性基团完全转变为可溶性基团，如图 1.13(b)所示。

（6）显影：在溶剂中显影后，需要对光敏光刻胶薄膜进行硬烘，从而提高其机械性能和抗蚀性。显影剂分为有机溶剂（丙酮）和有机碱性溶液（四甲基氢氧化铵）。有机碱性溶液中，光敏光刻胶被认为是正性光刻胶，即曝光区被完全去除，而非曝光区保持不变。若有机溶剂完全去除未曝光区，而保留曝光区，则光敏光刻胶可作为负性光刻胶。此外，整个曝光过程需在黄光室进行。

1. 深紫外光敏光刻胶

目前，193 nm 波长的深紫外（DUV）浸没式光刻技术已应用于半导体工业 10 nm 节点集成电路的工艺制造[28]。这种情况下，DUV 光敏光刻胶本质上是一种化学放大胶。为了使 DUV 波长保持足够的透过率，DUV 光敏光刻胶的发展也一直沿用原有的非浸没式光刻用的光刻胶的基本结构框架，只是将聚合物骨架结构从聚羟基苯乙烯转变为丙烯酸酯。另外，相比 248 nm 光敏光刻胶，DUV 光敏光刻胶要求更复杂，要求可嫁接到聚合物骨架上并满足所有光刻指标。例如，骨架结构中需引入脂环单元，如降硼烷和金刚烷，以便于实现较高 C∶H 并保持足够的耐蚀性（图 1.14）[29]。由于 DUV 光敏光刻胶中聚合物化学反应复杂性增加，聚合物组成和单体排列的控制对最终的光刻性能（尤其是线边缘粗糙度）起着重要作用。

对于 DUV 光敏光刻胶，骨架聚合物的玻璃转变温度范围是 150～170℃。因此，DUV 化学放大光刻胶大部分处于非退火状态，后烘过程使一些残留活性物质，如光致产酸剂或外部污染物扩散，对光刻过程的稳定性产生一定影响。

2. 极紫外光敏光刻胶

随着 IC 器件制程和特征尺寸的进一步减小，极紫外光（EUV）（波长约 13.6 nm）光刻胶的开发越来越引起科研人员的重视。EUV 光敏光刻胶也是一种化学放大胶，主要由聚合物树脂和光致产酸剂组成[5]。DUV 和 EUV 光敏光刻胶的差异在于光致产酸剂的敏化机理不同[30]。DUV 光敏光刻胶中，一些酸的产生是通过聚合物增敏实现（被激发的聚合物中能量或电子转移到光致产酸剂），而 EUV 光刻胶中聚合物树脂的吸收通常会干扰酸的产生[31]。从侧壁退化的角度来看，KrF 和 ArF 光刻胶的主体树脂被认为适用于 EUV 光刻胶。开发初期，由于芳香化合物的

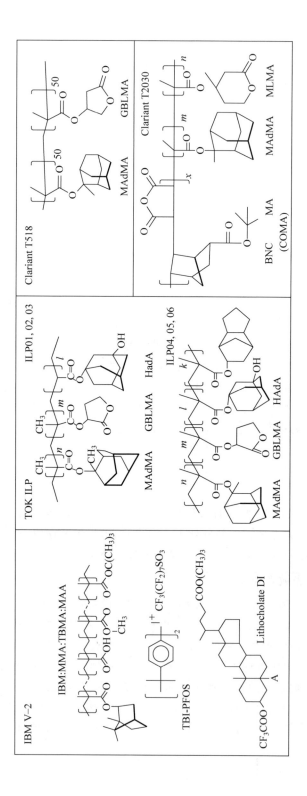

图 1.14 不同正性 DUV 光刻用的化学放大光刻胶[29]

耐蚀性,KrF 光刻胶树脂是首选。目前,光刻胶开发主要基于 KrF 和 ArF 光刻胶主体树脂。聚 4-羟基苯乙烯(PHS)和苯乙烯共聚物已被用作 KrF 光刻胶的主干聚合物。丙烯酸酯共聚物已被用作 ArF 光刻胶[32],分子结构示意图如图 1.15 所示。对于 EUV 光刻胶,KrF 和 ArF 光刻胶主干聚合物的吸收系数约为 4 μm^{-1},厚度为 100 nm 的光刻胶透过率是 67%[33]。

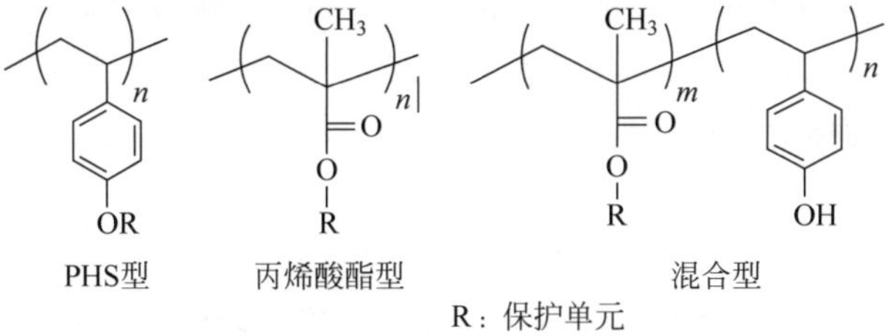

PHS型　　丙烯酸酯型　　混合型
R:保护单元

图 1.15　EUV 光敏光刻胶的典型骨架结构[32]

光敏光刻胶的量子效率是重要的技术参数之一。EUV 光刻胶的量子效率在很大程度上取决于光致产酸剂浓度。通过增加光致产酸剂浓度,可提高 EUV 光刻胶的量子效率[34]。EUV 光刻胶也可通过质子源产生酸,因此通过增加质子源来提高量子效率也是重要策略之一[35]。另外,与混合型光刻胶相比,其光致产酸剂存在阴离子,化学放大胶具有高分辨率和高灵敏度[36],因此阴离子光刻胶可用于 16 nm 或更小节点的光刻。

1.3.2　S/Se 基硫系薄膜

除了有机聚合物光敏光刻胶外,S/Se 基硫系薄膜,如 $As_2(S,Se)_3$ 和 $Ge(S,Se)_2$,也可作为光敏光刻胶[37]。相比于有机聚合物光敏光刻胶,硫系薄膜具有更小的结构单元,即最小结构单元可达到原子尺度。因此,在硫系薄膜上制备的结构具有更小的线边缘粗糙度和更高的分辨率。此外,硫系薄膜在反应离子蚀刻下具有较高的抗蚀性和耐酸腐蚀特性。硫系薄膜在一定条件下(如改变温度或蚀刻时间)可作为正性或负性光敏光刻胶。例如,在 Na_2CO_3 和 Na_3PO_4 混合水溶液中,As_2S_3 薄膜可作为正性光刻胶,而在非水胺基溶剂中,$As_{35}S_{65}$ 薄膜通常表现为负性光刻胶[38]。

据报道,具有化学计量比的块体 $As_2(S,Se)_3$ 和 $Ge(S,Se)_2$ 硫化物分别包括 $As(S,Se)_{3/2}$ 三角锥体和 $Ge(S,Se)_{4/2}$ 四面体结构单元。理论上同极键的存在仅是由于偏离化学计量比导致,同极键不应存在于具有化学计量比的块体材料中。然而,具有化学计量比的沉积态硫系薄膜也存在大量的同极键如 As—As、S—S、Se—Se 和 Ge—Ge 键,沉积态薄膜的同极键浓度超过 10%,其依赖于热蒸发条件。

这种"错误的"同极键浓度可通过光致曝光和辐射来调节。

为理解 S/Se 基硫系薄膜的光刻和湿法刻蚀机理，这里以 As_2S_3 样品为例。原则上，只有 AsS_3 三角锥单元才能形成具有化学计量比的 As_2S_3。对比块体 As_2S_3、热蒸发形成的沉积态 As_2S_3 薄膜和光致曝光 As_2S_3 薄膜的结构，发现两个相邻 AsS_3 三角锥体之间每个"S"元素以顶角相连。

As_2S_3 块体材料的拉曼光谱表明位于 345 cm^{-1} 宽带峰对应于 AsS_3 三角锥体结构如图 1.16(a)所示。在 312 cm^{-1} 和 380 cm^{-1} 处存在较弱的振动带，这归结于 AsS_3 三角锥体之间的相互作用。

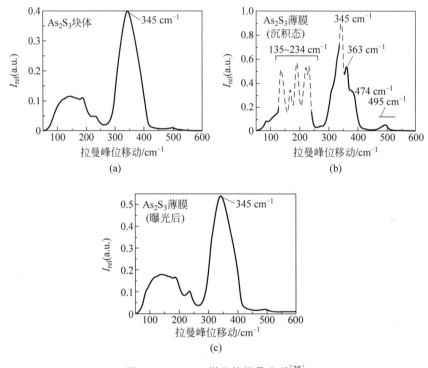

图 1.16 As_2S_3 样品的拉曼光谱[38]

(a) 块状；(b) 沉积态薄膜；(c) 卤素灯曝光 30 min 后的薄膜

图 1.16(b)中，沉积态 As_2S_3 薄膜的拉曼光谱表明在 135 cm^{-1} 和 234 cm^{-1} 之间及 363 cm^{-1} 位置具有强烈的振动峰，这是由 As—As 结构单元的振动引起的，如 As_4S_4。另外，在 495 cm^{-1} 和 474 cm^{-1} 处具有强的双振动峰，这表明薄膜中还存在 S—S 结构单元，如—S—S—链状结构（495 cm^{-1}）和 S_8 环状结构（474 cm^{-1}），S—S 结构单元用于连接单个 AsS_3 三角锥结构单元。这些含有同极键的结构单元可用热蒸发沉积过程中的热离解反应来解释：

$$(As_2S_3)_{liq} \xrightarrow{\text{热离解}} (As_4S_4)_{vap} + (S_n)_{vap}$$

非化学计量比的 As_4S_4 结构单元包含 As—As 同极键。由于材料以气体形式在室温基片上快速冷凝,这些结构单元被冻结在沉积态薄膜中,使得该薄膜具有光敏特性。从 XPS 能谱可评估同极键的浓度。例如,As_2S_3 薄膜 S $2p$ 和 As $3d$ 化学态的 XPS 数据分别如图 1.17(a)和(b)所示,其中 Ⅰ 区和 Ⅱ 区分别决定了参与异极键和同极键的原子浓度。化学键的变化源于结构转变,由光致曝光引起。因此,化学键的变化取决于曝光类型、强度、化学组成和薄膜的表面状态。同极键的浓度是结构转变的关键因素之一。光致曝光导致沉积态薄膜中的高浓度同极键减少,如图 1.16(c)所示。光致曝光后的薄膜结构接近体材料结构。与图 1.16(b)相比,位于 135 cm^{-1}、234 cm^{-1}、363 cm^{-1}、474 cm^{-1} 和 495 cm^{-1} 的化学键强度明显下降,这是由以下聚合反应引起的[39]:

$$As_4S_4 + S_n \xrightarrow{\text{光致曝光}} As_2S_3$$

聚合反应引起化学抗蚀性变化。沉积态薄膜与光致曝光薄膜的化学湿法刻蚀(湿刻)反应具有不同的动力学特性,导致选择性的正性湿刻。此外,薄膜表面的 As 元素的光氧化是影响选择性刻蚀的另一个因素。换言之,在碱性水溶液中,沉积态和曝光的 As_2S_3 薄膜(以及其他 As 基硫系化合物)之间的选择性湿刻基于 AsS_3 锥体结构、具有 S 同极键碎片和具有 As—As 同极键的 As_4S_4 结构单元的不同溶解速率。

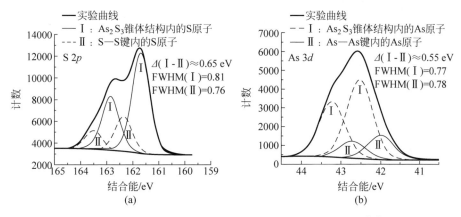

图 1.17 沉积态 As_2S_3 薄膜(厚度约 40 nm)的 XPS 结果[38]

(a) S $2p$;(b) As $3d$

研究人员采用双干涉曝光和两步刻蚀技术,在 $As_{40}S_{30}Se_{30}$-$As_4Ge_{30}S_{66}$ 双层光敏光刻胶上制备的周期性结构如图 1.18 所示。采用合适的曝光和湿刻时间,可得到周期性的孔状图案,如图 1.18(a)所示。通过改变湿刻时间可调节孔结构尺寸,当增加 $As_{40}S_{30}Se_{30}$ 层的湿刻时间,可得到凸起结构,如图 1.18(b)所示,其中凸起结构的直径也由湿刻时间决定。此外,浮雕结构的高度和深度主要取决于 $As_4Ge_{30}S_{66}$ 层的湿刻时间,该层薄膜随初始厚度而变化。

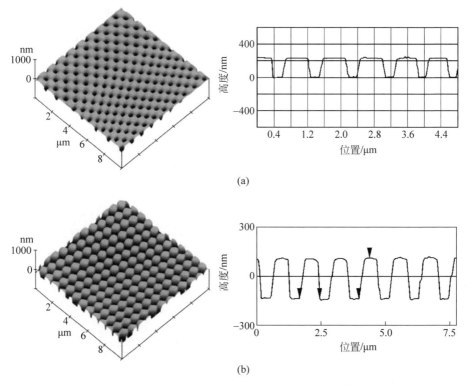

(a)

(b)

图 1.18　在 $As_{40}S_{30}Se_{30}$-$As_4Ge_{30}S_{66}$ 双层硫化物薄膜上形成的周期性结构 AFM,

在 $As_{40}S_{30}Se_{30}$ 薄膜上湿刻时间分别为 30 s 和 80 s[40]

1.4　本章小结

以上光刻技术中,基于真空的高能束(如 X 射线、离子/电子束)光刻因高分辨率而被广泛应用于小面积微纳结构制备,然而此过程需要高真空环境。此外,该技术还存在低速、高成本和低产率等问题。基于探针的光刻技术可在大气环境中进行任意纳米尺度结构制造,但光刻速度仍较低,只适用于小面积结构制备。基于模板的光刻(如纳米压印、投影光刻、自组装等)是一种可靠的大批量制造方法,但制造具有纳米级特征尺寸的大面积微纳结构模板仍存困难,不能精确地满足个性化制备需求。基于光敏光刻胶的激光直写光刻可制备任意结构图形,广泛用于微电子学、集成光学、衍射光学等领域。相比于其他光刻技术，该方法操作简便，可在空气中操作，且光刻成本较低，但光刻特征尺寸由光斑大小决定，难以突破光学衍射极限（即 $1.22\lambda/\text{NA}$）。为获得更小的特征尺寸，需要减小光刻系统的激光波长，因此需要开发对应激光波长的新型光敏光刻胶材料，这是由每种光刻胶只对应特定波长的光敏感所决定的。然而，新型光刻胶通常需要较长的研发周期及大量投资。因此，研究人员需要开发基于新的物理和化学机制的新型光刻方法。

参考文献

[1]　ERDMANN A，FÜHNER T，EVANSCHITZKY P，et al. Optical and EUV projection lithography：a computational view[J]. Microelectronic Engineering，2015，132：21-34.

[2]　GUO L J. Recent progress in nanoimprint technology and its applications[J]. J. Phys. D，2004，37(11)：R123.

[3]　CUI Z. Nanofabrication，principles，capabilities and limits[M]. New York：Springer，2008.

[4]　ROTHSCHILD M. Projection optical lithography[J]. Materials Today ，2005，8(2)：18-24.

[5]　LI L，LIU X，PAL S，et al. Extreme ultraviolet resist materials for sub-7 nm patterning[J]. Chem. Soc. Rev. ，2017，46(16)：4855-4866.

[6]　PIRATI A，SCHOOT J，TROOST K，et al. The future of EUV lithography：enabling Moore's Law in the next decade[J]. Proc. SPIE，2017，10143：101430G.

[7]　WAGNER C，HARNED N. EUV lithography：lithography gets extreme [J]. Nat. Photonics，2010，4(1)：24-26.

[8]　OBERT R. Wood II. EUVL—challenges to manufacturing insertion[J]. J. Photopolymer Sci. Technol. ，2017，30(5)：599-604.

[9]　KERKHOF M，JASPER H，LEVASIER L，et al. Enabling sub-10nm node lithography：presenting the NXE：3400B EUV scanner [J]. Proc. SPIE，2017，10143：101430D.

[10]　JUNG Y，CHENG X. Dual-layer thermal nanoimprint lithography without dry etching[J]. J. Micromechanics and Microengineering，2012，22(8)：085011.

[11]　OZIN G A，HOU K，LOTSCH B V，et al. Nanofabrication by self-assembly[J]. Materials Today，2009，12(5)：12-23.

[12]　ZHANG G，LAN C，BIAN H，et al. Flexible，all-dielectric metasurface fabricated via nanosphere lithography and its applications in sensing[J]. Opt. Express，2017，25(18)：22038-22045.

[13]　MENON R，PATEL A，GIL D，et al. Maskless lithography[J]. Materials Today，2005，8(2)：26-33.

[14]　CHEN Y. Nanofabrication by electron beam lithography and its applications：a review [J]. Microelectronic Engineering，2015，135：57-72.

[15]　HALLER I，HATZAKIS M，SRINIVASAN R. High-resolution positive resists for electron-beam exposure[J]. IBM J. Res. Dev. ，1968，12(3)：251-256.

[16] YAMAZAKI K，NAMATSU H. 5-nm-order electron-beam lithography for nanodevice fabrication[J]. Jap. J. Appl. Phys. ，2004，43(6B)：162-163.

[17] SWANSON L W. Liquid metal ion sources：mechanism and applications[J]. Nucl. Instrum. Methods Phys. Res. ，1983，218(1)：347-353.

[18] NADZEYKA A，PETO L，BAUERDICK S，et al. Ion beam lithography for direct patterning of high accuracy large area X-ray elements in gold on membranes[J]. Microelectronic Engineering，2012，98：198-201.

[19] GARCIA R，KNOLL A W，RIEDO E. Advanced scanning probe lithography[J]. Nature Nanotechnol. ，2014，9(8)：577-587.

[20] MOJARAD N，GOBRECHT J，EKINCI Y. Interference lithography at EUV and soft X-ray wavelengths：principles，methods，and applications[J]. Microelectronic Engineering，2015，143：55-63.

[21] SAVAS T A，SHAH S N，SCHATTENBURG M L，et al. Large-area achromatic interferometric lithography for 100 nm period gratings and grids[J]. J. Vacuum Sci. Technol. B，1995，13(6)：2732-2735.

[22] DUDLEY D，DUNCAN W M，SLAUGHTER J. Emerging digital micromirror device (DMD) applications[J]. Proc. SPIE，2003，4985：14-25.

[23] HANSOTTE E J，CARIGNAN E C，MEISBURGER W D. High speed maskless lithography of printed circuit boards using digital micromirrors[J]. Proc. SPIE，2011，7932：793207.

[24] MENON R，GIL D，CARTER D J D，et al. Zone-plate array lithography (ZPAL)：a maskless fast-turnaround system for micro-optic device fabrication[J]. Proc. SPIE，2003，4984：10-17.

[25] WANG R，WEI J，FAN Y. Chalcogenide phase-change thin films used as grayscale photolithography materials[J]. Opt. Express，2014，22(5)：4973-4984.

[26] BAI Z，WEI J，LIANG X，et al. High-speed laser writing of arbitrary patterns in polar coordinate system[J]. Rev. Sci. Instruments，2016，87(12)：125118.

[27] MOJARAD N，GOBRECHT J，EKINCI Y. Beyond EUV lithography：a comparative study of efficient photoresists′ performance[J]. Sci. Rep. ，2015，5：9235.

[28] TYMINSKI J K，SAKAMOTO J A，PALMER S R，et al. Lithographic imaging-driven pattern edge placement errors at the 10-nm node[J]. J. Micro/Nanolith. MEMS MOEMS，2016，15(2)：021402.

[29] MORTINI B. Photosensitive resists for optical lithography[J]. Comptes Rendus Phys. ，2006，7(8)：924-930.

[30] TAKAHIRO K，SEIICHI T. Radiation chemistry in chemically amplified resists[J]. Japanese J. Appl. Phys. ，2010，49(3R)：030001.

[31] DEKTAR J L，HACKER N P. Photochemistry of triarylsulfonium salts[J]. J. Am. Chem. Soc. ，1990，112(16)：6004-6015.

[32] ITANI T，KOZAWA T. Resist materials and processes for extreme ultraviolet lithography [J]. Jap. J. Appl. Phys. ，2013，52(1R)：010002.

［33］ HENKE B L, GULLIKSON E M, DAVIS J C. X-ray interactions: photoabsorption, scattering, transmission, and reflection at E＝50-30,000eV,Z＝1-92[J]. Atom Data Nucl. Data Table,1993,54(2): 181-342.

［34］ TAKAHIRO K, SEIICHI T, MELISSA S. Theoretical study on relationship between acid generation efficiency and acid generator concentration in chemically amplified extreme ultraviolet resists[J]. Jap. J. Appl. Phys. ,2007,46(12L): L1143.

［35］ HIROAKI O, KATSUTOMO T, KIMINORI K, et al. Development of new positive-tone molecular resists based on fullerene derivatives for extreme ultraviolet lithography[J]. Jap. J. Appl. Phys. ,2010,49(6S): 06GF04.

［36］ ALLEN R D, BROCK P J, NA Y H, et al. Investigation of polymer-bound PAGs: synthesis, characterization and initial structure/property relationships of anion-bound resists[J]. J. Photopolymer. Sci. Technol. ,2009,22(1): 25-29.

［37］ LYUBIN V. Chalcogenide glassy photoresists: history of development, properties, and applications[J]. Physical Status Solidi(B),2009,246(8): 1758-1767.

［38］ KOVALSKIY A. CECH J, VLCEK M, Chalcogenide glass e-beam and photoresists for ultrathin grayscale patterning[J]. J. Micro/Nanolithography, MEMS, and MOEMS,2009, 8(4): 043012.

［39］ KOVALSKIY A, VLCEK M, JAIN H, et al. Development of chalcogenide glass photoresists for gray scale lithography[J]. J. Non-Crystalline Solids,2006,352: 589-594.

［40］ DAN'KO V A, INDUTNYI I Z, MIN'KO V I, et al. Interference photolithography with the use of resists on the basis of chalcogenide glassy semiconductors[J]. Optoelectronics, Instrumentation and Data Processing,2010,46(5): 483-490.

激光热敏光刻原理

2.1 引言

光刻的本质是光与光刻胶的相互作用,一方面,光可以作为信息载体将信息传递到光刻胶中形成图形结构;另一方面,通过能量载体减小图形结构的特征尺寸。换言之,光不仅是信息载体,也是能量载体,利用光既是信息载体又是能量载体的特性,光刻可突破光学衍射极限的限制,实现从微米到纳米尺度的跨尺度光刻。

2.2 光学光敏光刻

在介绍激光热敏光刻技术之前,本节将系统概述传统的光学光刻技术。由于光学光刻中采用的是光敏性光刻胶,光敏性光刻胶对曝光光源的波长和剂量非常敏感,曝光过程实际上是光敏光刻胶吸收光子能量后发生光化学反应。因此,为了与本书阐述的激光热敏光刻相区分,我们称这种光敏性光刻胶为光敏光刻胶,相对应的曝光称为光化学曝光,光刻称为光化学光刻(简称光敏光刻)。

对于光敏光刻,首先,光刻前需制备光刻胶溶液,如图 2.1 所示。将光刻胶材料溶解于有机溶剂中形成光刻胶溶液,光刻胶溶液由溶剂、树脂、光致产酸剂(PAG)和添加剂组成。溶剂具有流动性,对光刻胶的化学性质无影响,加热时易挥发。树脂是一种不溶性聚合物,具有胶黏剂的功能,并为光刻胶提供机械和化学性能。PAG 称为光敏剂,光照后会发生化学反应。添加剂用于调整光刻胶的化学性能和光学响应。

图 2.2 给出了光敏光刻的工艺流程示例,预先通过物理气相沉积将 SiO_2 薄膜沉积在硅基片上。然后将光刻胶溶液旋涂在基片上,随之进行预烘、曝光、后烘(PEB)、显影、硬烘、干法刻蚀、残胶去除等一系列工艺步骤,最终将所需的图形结构转移到 SiO_2层。需要指出的是,预烘的目的是去除残留溶剂,硬烘的作用是使光刻胶层变硬,也有去

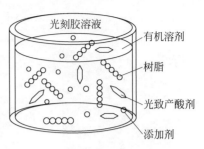

图 2.1　光刻胶溶液[1]

除剩下的残留溶剂作用。其中,关键工艺是曝光、显影和干法刻蚀,通过曝光及显影(湿刻)可在光刻胶上得到微纳结构,微纳结构通过干法刻蚀进一步转移到 SiO_2 层。

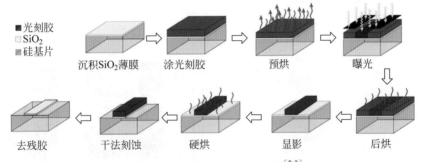

图 2.2　光敏光刻工艺流程示例[2-3]

光敏光刻技术中,曝光和后烘是发生光化学反应的核心工艺。光化学反应过程如图 2.3 所示,光刻胶薄膜由光致产酸剂和惰性聚合物树脂组成,曝光后光致产酸剂释放 H^+,并与惰性聚合物树脂反应,形成可溶性聚合物树脂,如图 2.3(b)所示。由于曝光区域的可溶性聚合物树脂较少,曝光的溶解度较差,因此需要进行后烘,该步骤可促进 H^+ 与更多的惰性聚合物树脂反应,形成更多可溶聚合物树脂,从而提高后续湿法刻蚀的选择性,如图 2.3(c)所示。值得一提的是,曝光区与非曝光区的化学成分完全不同,即曝光过程是一个光化学反应,会产生部分新物质,这为后续显影过程中高的图形湿刻选择性提供了条件,如图 2.3(a)和(b)所示。

后烘过程中,PAG 产生的 H^+ 也可扩散到非曝光区,如图 2.4(a)所示。这将导致分辨率下降,以及线边缘粗糙度(LER)增加,如图 2.4(b)所示。因此,后烘工艺的精准控制对得到高分辨率、边缘清晰的图形结构非常重要。

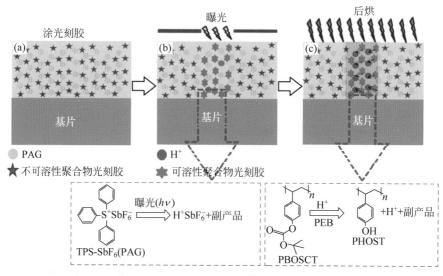

图 2.3 光敏光刻的光化学反应过程[4-5]

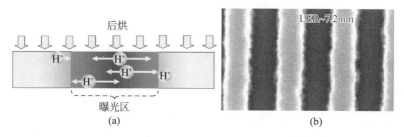

图 2.4 H⁺扩散对线边缘粗糙度的影响[6-7]

2.3 激光热敏光刻

在传统的激光光敏光刻中,光刻胶被整个激光光斑曝光。曝光区域经历了一定程度的光化学反应,其反应程度与光剂量成正比。由于光化学反应没有一个清晰的阈值效应,因此图形分辨率近似等于激光光斑大小。

与光敏光刻的光化学过程不同,激光热敏光刻是一个物理过程,光刻中使用的光刻胶不再是光敏光刻胶,而是热敏光刻胶。使用热敏光刻胶时,其图形分辨率不仅依赖于激光曝光剂量,还在很大程度上取决于某一时刻的温度分布。曝光瞬间,曝光区域中心与周围区域的峰值温度存在较大的瞬时差异。

众所周知,一些无机非金属材料加热到一定温度会发生热致结构变化,如

图 2.5 所示。例如,碲基硫化物薄膜在加热过程中可产生从非晶态到晶态的结构转变。碲基硫化物薄膜的非晶相存在悬空键等缺陷,而晶态缺陷较少。在酸或碱性溶液中,不同相的腐蚀速率不同,从而显影过程中产生不同的湿刻选择性。

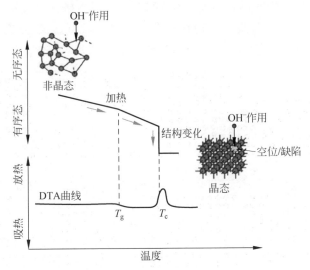

图 2.5　热致结构转变[8]

　　激光热敏过程如图 2.6 所示,光刻薄膜直接沉积在基片上。激光束作为热源,通过透镜聚焦后辐射到光刻薄膜上。光刻薄膜吸收激光能量后被加热到一定温度,如晶化或相变温度,其结构由非晶态转变为晶态,颜色也由辐照前的深灰色转变为辐照后的浅灰色,完成激光热敏的光刻反应过程。从该过程可以看出,激光热敏不同于基于光化学效应的光敏光刻曝光,从本质上是基于光热物理效应,激光仅作为热源,用于对光刻薄膜加热。而光刻薄膜本质上不是对光敏感,而是对温度敏感,温度达到结构转变的阈值温度后,光刻薄膜就会发生结构转变,完成热敏过程。

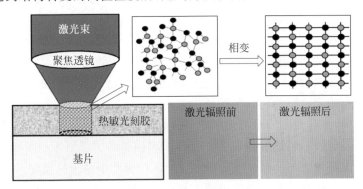

图 2.6　激光热敏过程[9]

因此,我们称这类光刻为激光热敏光刻,使用到的光刻薄膜称为热敏光刻胶。

激光热敏光刻中,原子排列的变化过程如图 2.7 所示,其中初始热敏光刻胶为非晶态。激光光斑扫描样品进行热曝光,当激光能量超过一定阈值时,激光辐射区域晶态化,无序排列的非晶态转变为有序排列的晶态。碱性溶液中,非晶态与晶态之间存在湿刻选择性,非晶态结构存在缺陷而易被湿刻。最终,有序的晶态区域(激光辐射区)保留从而形成图形结构,如图 2.7(e)所示。

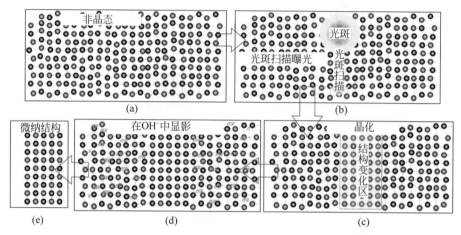

图 2.7　激光热敏光刻的原子重排过程

(a) 非晶态的热敏光刻胶;(b) 光斑扫描进行激光热敏曝光;(c) 光斑辐射区发生晶化反应;
(d) 碱性溶液显影;(e) 热敏光刻胶上形成晶态的图形结构

2.3.1　原子尺度的线边缘粗糙度

在光学光敏光刻中,光刻胶为有机聚合物,其基本组成单元是分子。分子由许多原子组成,光刻曝光是在分子之间发生光化学反应。与光学光敏光刻不同,在激光热敏光刻中,热敏光刻胶是一种无机非金属薄膜材料,其基本结构单元是原子,光刻反应发生在原子之间。曝光区与非曝光区之间的过渡区只有几个原子,如图 2.8 所示。换言之,相比光敏光刻胶,无机热敏光刻胶由于其晶粒尺寸更细和 γ 更大(γ 代表光刻胶图形边缘的垂直度),因此无机热敏光刻胶具有更高的分辨率。

曝光与非曝光之间的转变区的结构如图 2.8 所示,其中曝光区为原子有序排列的晶态结构,非曝光区为原子无序排列的非晶态结构,相邻界面(转变区)为原子尺度结构。高分辨率的透射电子显微镜(TEM)图像的实验结果如图 2.8(b)所示,从中可以看出曝光区与非曝光区之间的过渡区仅为几个原子的尺度。

由于无机光刻胶的基本结构单元为原子,光刻过程实际上是原子之间的裂解反应;光刻后,原子网络被破坏,光刻结构的线边缘粗糙度为原子量级,如图 2.9

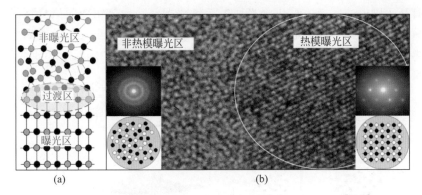

图 2.8　激光热敏光刻中曝光与非曝光区的边界转变区域[10-11]

（a）转变区域机理；（b）TEM 图（标记的圆形区域为曝光区，而其他区域为非曝光区）

所示，光刻图形和线边缘粗糙度降低到原子尺度。因此，图案结构中的最小特征尺寸只有几纳米。

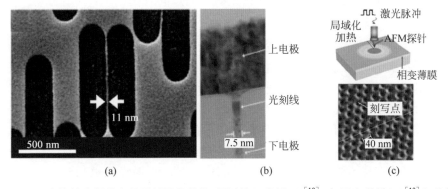

图 2.9　在热敏光刻胶上得到的纳米结构，通过挤压光刻（a）[12]、电子束光刻（b）[13]和热探针光刻（c）[14]得到的图形结构

2.3.2　无衍射极限光刻

在激光热敏光刻中，热敏光刻胶的初始态通常是非晶态。当温度高于相变阈值时，热敏光刻胶的结构由非晶态变为晶态，如图 2.10（a）所示。其中示意图为典型的差示扫描量热（DSC）分析，结构变化伴随着放热过程。光刻过程中，热敏光刻胶被聚焦激光光斑加热。一般来讲，聚焦光斑的强度呈高斯分布，光斑中心强度最大，沿径向向外逐渐减小，如图 2.10（b）所示。如果采用有机光敏光刻胶进行光刻，包括旁斑在内的光斑所有区域都会导致曝光，由此导致光刻过程中图形的特征尺寸与光斑大小一致，即光刻图形的特征尺寸受光斑尺寸的限制，而光斑大小由光学衍射极限决定。然而，如果采用激光热敏光刻技术，使用热敏光刻胶进行光刻，

则只有高于阈值的区域才被热曝光。由于热敏光刻胶的热相变阈值特性，只有中心区域被热曝光并形成图形结构，其得到的图形特征尺寸就明显低于光斑大小，不受光学衍射极限的制约，正如图 2.10(b)所示的热敏光刻区的尺寸小于光敏光刻区的尺寸。

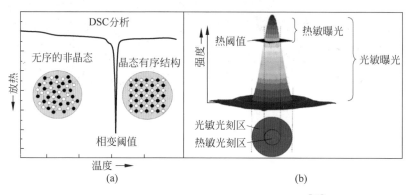

图 2.10 激光热敏光刻突破光斑尺寸的原理[15]

(a) 热敏光刻胶的 DSC 分析；(b) 激光热敏光刻的热阈值曝光

基于激光热敏光刻得到的亚波长图形结构如图 2.11 所示。图 2.11(a)是采用过渡族金属氧化物作为热敏光刻胶得到的图形结构，曝光过程中的激光波长为 405 nm，曝光速度为 6 m/s，曝光光斑的尺寸大小约为 0.5 μm。曝光后的样品采用传统的四甲基氢氧化铵(TMAH)溶液进行显影，曝光部分的热敏光刻胶被溶解，图形结构呈凹坑形状。得到的凹坑状图形的尺寸约为 130 nm，仅为曝光光斑尺寸的 1/4 左右。这表明过渡族金属氧化物薄膜为正性热敏光刻胶，同时得到的图形特征尺寸实现不受光学衍射极限的制约。实际上，激光热敏光刻已经用于光

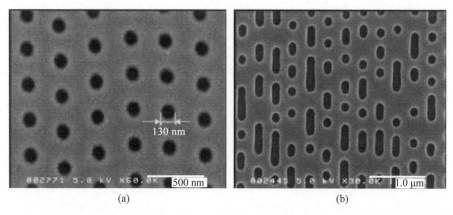

图 2.11 基于激光热敏光刻得到的亚波长图形结构的 SEM 图(过渡金属氧化物作为热敏光刻胶)[16]

(a) 点阵列图形；(b) 容量为 25 GB 的只读式光盘存储器上的记录点

盘存储器的母盘制备,图 2.11(b) 为容量为 25 GB 的只读式光盘存储器中信息记录点的微观形貌,最小记录点的尺寸在 150 nm 左右。

2.3.3　跨尺度光刻

激光热敏光刻中,通过调节热阈值和热扩散可实现特征尺寸从微米到纳米的跨尺度光刻。基于热阈值效应,可以实现特征尺寸从纳米尺度到光斑尺寸的调节,其原理如图 2.12 所示,采用强度为高斯分布的光斑进行热曝光。在图 2.12(a) 中,当阈值控制在光斑峰值强度的 70% 时,光刻区尺寸约为光斑大小的 1/3;当阈值控制在光斑峰值强度的 90% 左右时,光刻区尺寸进一步减小到光斑的 1/8 左右,如图 2.12(b) 所示。若采用波长为 405 nm 的激光,数值孔径为 0.90 的聚焦光学系统,可得到的光斑尺寸大约为 0.60 μm。通过调节阈值效应,光刻特征尺寸可从 0.60 μm 降至 75 nm。

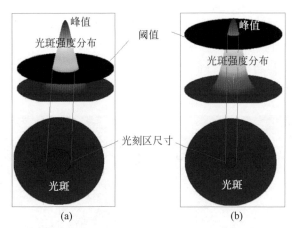

图 2.12　通过调节热阈值得到从纳米尺度到光斑尺寸的跨尺度光刻

(a) 阈值为光斑峰值强度的 70%;(b) 阈值为光斑峰值强度的 90%

激光热敏光刻本质上是一种热致结构转变,曝光过程中存在热扩散效应,热扩散使光斑周围区域温度升高。当升高的温度超过热相变阈值时,光斑周围区域也随之发生热敏光刻反应(热致结构转变),如图 2.13 所示。也就是说,由于热扩散效应,即使没有被光斑辐射,也可进行热曝光。在这种情况下,热曝光区尺寸可以大于光斑本身,得到的图形特征尺寸也会大于光斑。因此,利用热扩散原理,激光热敏光刻可以实现从光斑区到微米尺寸的跨尺度光刻。

激光热敏光刻得到的跨尺度图形如图 2.14 所示。图 2.14(a) 给出了图形特征尺寸、激光功率与激光脉冲时间(即激光曝光时间)之间的关系。可以看出,图形特征尺寸随着激光功率和曝光时间的降低而减小,即图形特征尺寸与曝光能量成正

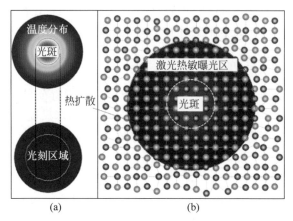

图 2.13　通过调节热扩散实现从光斑区到微米尺寸的跨尺度光刻

（a）热扩散诱导的温度升高和光刻区域；（b）热扩散引起的原子重排

比（曝光能量＝激光功率×曝光时间）。通过调节曝光能量，特征尺寸可以从 5 μm 降至 50 nm。图 2.14(b)给出了采用激光热敏光刻制备的一系列具有不同特征尺寸的点状结构的实验结果，其特征尺寸大小为 100～400 nm，从实验上证实了激光热敏光刻的跨尺度光刻能力。

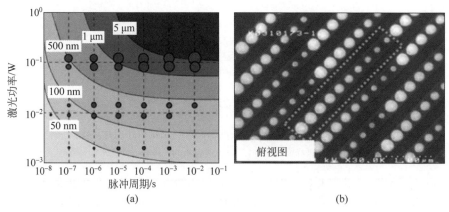

图 2.14　通过激光热敏光刻得到的跨尺度点阵图形实验结果

（a）图形特征尺寸、激光功率与曝光时间的关系[17]；（b）跨尺度光刻实验结果[18]

2.3.4　宽波段光刻

激光热敏光刻本质上是一种光热效应，由于热敏光刻胶的宽光谱吸收特性，所采用的激光波长可以从近红外光到深紫外光波段，因此激光热敏光刻具有宽波段光刻特性。例如，若将 Te 基相变材料视为热敏光刻胶，则带隙远小于 1.5 eV，这对应于 825 nm 波长的光。825 nm 波长以下的激光可激发带间跃迁[19]，即热敏光刻胶可吸收低于 825 nm 波长的激光能量。因此，对于大多数 Te 基相变材料，当激光波长小于 825 nm 时，均可以发生激光热敏曝光。图 2.15 给出了以波长为 635 nm 的激光作为热曝光光源，在 Te 基硫系薄膜上可得到图形结构。

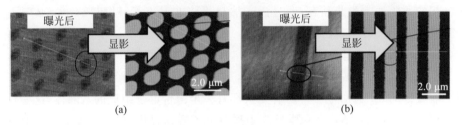

图 2.15　在 Te 基硫系热敏光刻胶薄膜上制备的图形结构 AFM 图[20]

（a）点阵图形，左为曝光后的图形，右为显影后的结构；

（b）线光栅图形，左为曝光后的图形，右为显影后的结构

　　无机热敏光刻胶一般通过真空物理气相沉积方法制备。实际上，采用溶胶-凝胶法，通过旋涂方式也可在基片上制备无机热敏光刻胶薄膜。与真空物理气相沉积方法制备的薄膜相比，旋涂方式制备的无机热敏光刻胶薄膜具有成本低、操作方便、成膜面积大、无需高真空系统等优势；与磁控溅射成膜相比，旋涂得到的薄膜不存在晶相和其他微晶粒。图 2.16 给出了利用 TiO_2 溶胶-凝胶，通过旋涂方式得到的 TiO_2 无机热敏光刻胶薄膜，并进行宽波段光刻的实验结果。图 2.16(a) 为淡黄色透明的 TiO_2 溶胶-凝胶溶液。采用不同波长的激光束在 TiO_2 热敏光刻胶薄膜上进行光刻实验，制备出不同的图形结构，图 2.16(b) 和 (d) 分别是采用 413 nm 和 351 nm 波长的激光光刻得到的线光栅结构，图 2.16(c) 为采用 257 nm 波长激光制备的点阵结构。

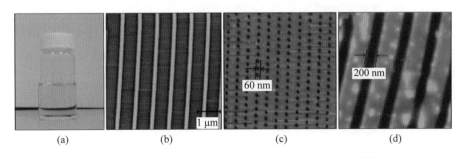

图 2.16　在 TiO_2 热敏光刻胶薄膜上进行宽波段光刻[21]

（a）合成的 TiO_2 溶胶-凝胶溶液；采用热曝光方法在 TiO_2 薄膜上得到的图形结构，激光波长为 413 nm(b)、257 nm(c) 和 351 nm(d)

2.3.5　正性光刻胶与负性光刻胶的相互转化

热敏光刻胶可同时作为正性光刻胶和负性光刻胶，即热敏光刻胶具有正负胶转换特性。这里以 GeSbBiTe(GSBT) 薄膜为例分析正负胶转换特性。磁控溅射方法沉积的薄膜通常为非晶态，通过激光加热可将非晶态 GeSbBiTe(a-GSBT) 薄膜转变成晶态 GeSbBiTe(c-GSBT) 薄膜。

在 a-GSBT 中，包含两种配置类型，如图 2.17(a) 所示，一种是极性共价键，包括 Te—Bi 键、Te—Sb 键和 Te—Ge 键；另一种是孤对电子类型，每个 Te 原子有两个非成键的 $5p$ 孤对电子。所有元素都有一个由价电子组成的八隅体，这些构型称作路易斯(Lewis)结构。化学反应中孤对电子容易提供电子，因此 a-GSBT 具有亲核特性。在 c-GSBT 中，Ge(或 Sb、Bi)与 Te 之间存在共振键，成键电子数小于键数的两倍[22]，如图 2.17(b) 所示，其构型称为共振结构。共振结构是一个电子缺陷体，因此 c-GSBT 是亲电子的基团。c-GSBT 具有亲电子特性，化学反应中很容易得到电子。

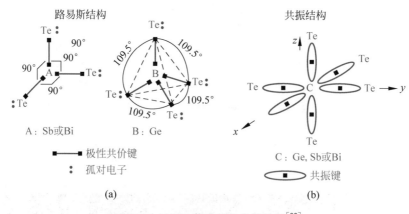

图 2.17　GSBT 薄膜的化学键性质[22]

(a) 非晶态 GSBT 中具有孤对电子和极性共价键的路易斯结构；(b) 晶态 GSBT 具有共振键的共振结构（无论有无结构畸变）

具有亲电子特性的 c-GSBT 可与路易斯碱反应。众所周知，当 KOH 与 H_2O_2 混合时发生以下反应[22]：

$$H_2O_2 \longrightarrow HO_2^- + H^+, \quad OH^- + HO_2^- \longrightarrow O_2 + H_2O + 2e \quad (2.1)$$

反应式(2.1)表明，KOH-H_2O_2 溶液为电子供体，可认为是路易斯碱，溶液中存在较多电子。与亲核的 a-GSBT 相比，电子更易与 c-GSBT 发生反应。碱性溶液中，具有配对电子的 c-GBST 比 a-GBST 存在更多的价电子轨道，由于 OH^- 存在孤对电子,c-GBST 的空轨道会吸引 OH⁻基团,也就是说,碱性环境中 c-GBST 具有更大的湿刻速率和反应速率[23]。因此,c-GSBT 区域更容易被湿刻,而 a-GSBT 被保留,即在路易斯碱(KOH-H_2O_2)溶液中,GSBT 材料可作为正性光刻胶。

具有亲核特性的 a-GSBT 薄膜可与路易斯酸(电子受体)反应。众所周知,HNO_3 与 H_2O_2 混合时会发生反应[22],

$$H_2O_2 + 2H^+ + 2e \longrightarrow 2H_2O \tag{2.2}$$

反应式(2.2)表明 HNO_3-H_2O_2 溶液为电子受体,可认为是路易斯酸。HNO_3-H_2O_2 溶液与具有亲核特性的 a-GSBT 反应要比具有亲电子特性的 c-GSBT 更加容易。原因可能是 a-GBST 具有更多的未配对电子或悬空键,在酸性溶液中,未配对电子倾向于与 H^+ 成键以降低其能量,因此具有较多悬空键的 a-GBST 更易被湿刻,即在路易斯酸(HNO_3-H_2O_2)溶液中,GSBT 材料可作为负性光刻胶。

激光热敏光刻的实验结果如图 2.18 所示。a-GSBT 薄膜沉积在基片上,激光曝光后,a-GSBT 薄膜吸收激光能量并被加热到晶化温度,发生非晶态到晶态的相变,如图 2.18(a)所示。其中激光曝光区(晶态区)表面比非曝光区(非晶态区)低 2.5 nm 左右,这是由于晶态密度高于非晶态密度。当 GSBT 样品在 KOH-H_2O_2 溶液中显影时,激光晶化区域被完全湿刻,形成均匀的沟槽结构,如图 2.18(b)所示,GSBT 薄膜表现为正性光刻胶。当 GSBT 样品在 HNO_3-H_2O_2 溶液中显影时,非晶态区域被完全湿刻,晶化区域完全保留,如图 2.18(c)所示,形成均匀的凸起结构,GSBT 薄膜表现为负性光刻胶。因此,GSBT 材料可根据不同的显影溶液来调节正负胶特性,而 a-GSBT 与 c-GSBT 之间的化学键差异是导致其正负性光刻胶转换特性的物理本质,该特性使得热敏光刻胶在实际应用中更有优势。

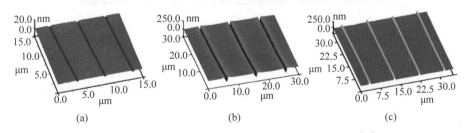

图 2.18　在 GSBT 薄膜上形成的图形结构的 AFM 图[23]

(a)激光诱导的晶化图形;(b)在 KOH-H_2O_2 中显影得到的正性光刻胶图形结构;(c)在 HNO_3-H_2O_2 溶液中显影得到的负性光刻胶图形结构

2.4 硫系化合物快速相变机理

激光热敏光刻胶主要是 Te 基硫族化合物。在激光热敏光刻中，Te 基相变材料的热阈值效应主要来源于快速相变特性。为了阐明快速相变特性，科研人员提出了不同的相变机理和模型，包括伞滑跃模型[24-25]和多元环模型[26]等。

2.4.1 伞滑跃模型

在伞滑跃模型中，其结构相变机理如图 2.19 所示，以 $Ge_2Sb_2Te_5$ 材料为例，Ge 原子位于 Te 原子形成的面心立方结构中(图 2.19(a))。在激光脉冲或电脉冲作用下，结构中的弱键断裂，Ge 原子会跳跃到四面体格位(图 2.19(b))。在结构转变中 Ge 原子会在八面体和四面体结构之间跳跃，类似于伞滑跃，伞滑跃导致 Ge 亚晶格畸变和无序度增加。值得注意的是，无论是四面体还是八面体，三种共价键依然完整，没有大的改变。Ge 原子在晶态和非晶态中分别占据八面体和四面体对称格位，这对于强共价键体系的相互转换至关重要，且在这种相互转换的过程中，材料并未出现熔化现象。

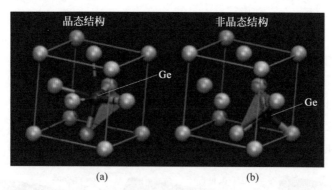

图 2.19 $Ge_2Sb_2Te_5$ 薄膜的局部结构框架，Ge 原子在晶态(a)和非晶态(b)的位置变化，图中实线越粗表示共价键越强[24]

根据扩展 X 射线吸收精细结构(EXAFS)的数据，研究人员采用第一性原理模拟分析发现，在熔融-淬火的非晶态 $Ge_2Sb_2Te_5$ 薄膜中，仅 30% 左右的 Ge 原子位于四面体结构的中心位置[25]。尽管大部分结构为四配位，但大多数 Ge 原子处于具有缺陷的"八面体"局部结构中，且键角接近 $90°$。这与伞滑跃模型存在较大的矛盾，主要是伞滑跃模型只依赖于原子间的距离，而没有考虑键角。对比 EXAFS 数据和第一性原理的模拟结果，发现 Ge 原子周围的局部结构可分为三种类型：①四面体构型(T_d,7 格位),键长一般为 2.58 Å；②顶点存在一个 Ge 原子的三角锥体(P_y),Te—Ge—Te 键角非常接近 90°；③高度扭曲的八面体(O_h)结构,如图 2.20 所示。进一步研究表明,非晶态 $Ge_2Sb_2Te_5$ 薄膜中的四配位 Ge 原子存在四面体和缺陷八面体构型。相变过程中,不仅存在 Ge 原子的伞形滑跃,还出现了"共振键"的断裂,并形成三配位的 Ge 结构,该模型清晰地阐明了快速相变机理。

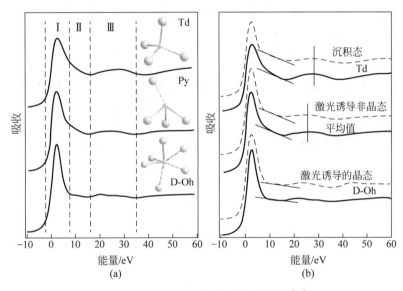

图 2.20　扩展 X 射线吸收精细结构谱[25]

(a) 模拟的 Ge K-edge XANES 光谱用于计算产生的非晶态 $Ge_2Sb_2Te_5$ 模型；(b) 实验结果与模拟的 XANES 光谱特征构型比较

2.4.2　多元环模型

伞滑跃模型及其修正理论均由 EXAFS 得到,这说明 $Ge_2Sb_2Te_5$ 材料相变过程中并没有发生大规模的原子迁移,而只是局部的原子迁移。因此,研究人员提出基于原子迁移的多元环模型,来解释快速相变机理[26],该模型是基于同步辐射 X 射线衍射数据进行反向蒙特卡罗(Monte Carlo)分析得到的。由图 2.21 可知,非晶态-晶态相变过程中,非晶态 $Ge_2Sb_2Te_5$ 只需将大尺寸的偶数环(8、10、12 配位元环)转变为 NaCl 型结构(4、6 配位元环),形成 Ge(Sb)—Te 键,且不破坏化学键,即可完成晶相转变。然而,由于 Ge—Ge 同极键的形成,非晶态 GeTe 呈现出不同尺寸的奇数和偶数元环。因此,不同尺寸元环的重新组合在破坏 Ge—Ge 同极键的过程中发挥着重要作用,相应地会形成 Ge—Te 键。当 Ge—Ge 键被破坏时,奇数元环结构将转变成偶数元环。值得一提的是,在非晶态 GeTe 中,Ge—Ge 同极键诱导形成的奇数元环干扰了非晶态快速晶化,在 GeTe 中加入 Sb 原子可以有效阻止 Ge—Ge 键的形成,如 $Ge_2Sb_2Te_5$ 的 Ge—Ge 同极键少于 GeTe 材料。这也是多元环模型更易于解释 Ge—Sb—Te 快速相变的空位作用及 Ge—Sb—Te 具有比 GeTe 更快相变速度的原因。此外,由于结构的相似性,伞滑跃模型和多元环理论同样适用于 AgInSbTe 等其他 Te 基硫化物相变材料体系。

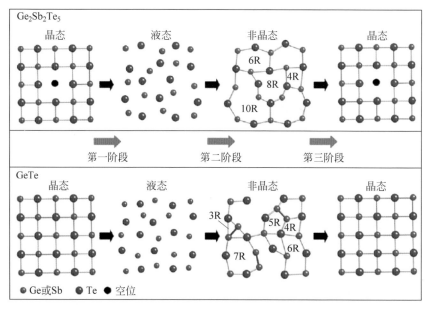

图 2.21　$Ge_2Sb_2Te_5$ 和 GeTe 从晶态转变为液态、从非晶态转变为晶态的过程中多元环的变化,红色键代表 Ge—Ge 键[26]

在激光热敏光刻中,刻蚀选择性是实现微纳结构制备的一个重要因素。非晶态和晶态之间的刻蚀选择性的机理可归结为两种结构间较大的结构差异。目前,共振键理论已被提出用于解释非晶态和晶态之间的差异[19]。根据非晶态 $AgInTe_2$ 和晶态 $Ge_1Sb_2Te_4$ 的反射光谱数据,发现 $AgInTe_2$ 相变前后的反射光谱相同。对 $Ge_1Sb_2Te_4$ 而言,晶态 $Ge_1Sb_2Te_4$ 的反射光谱中有干涉条纹,反射率最大值及最小值之间的差异小于非晶态 $Ge_1Sb_2Te_4$ 的。通过对介电常数的测量,晶态样品的介电常数与非晶态相比降低了 $50\% \sim 70\%$。晶化前后的原子极化率存在明显差异。这些差异是由于原子在非晶态和晶态状态下的成键不同引起的。非晶态中,原子以共价键结合,电子局域化程度高,结合力强;相反,晶态结构的原子通过共振键结合。单独及半填充的 p 轨道同时在左右两侧形成两个非饱和共振键,如图 2.22 所示,化学键的差异是导致反射光谱、介电常数、原子极化率不同的物理本质。

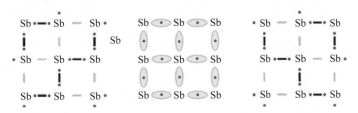

图 2.22　Sb 共振键形成机理[19]

2.5　激光热敏光刻与光学光敏光刻比较

光学光敏光刻包括光刻胶旋涂、预烘、曝光、后烘、显影、硬烘等工艺步骤,而激光热敏光刻工艺简单,仅包括薄膜沉积、曝光和显影等。此外,激光热敏光刻过程在白光和大气环境下进行,环境对光刻过程影响较小。激光热敏光刻和光学光敏光刻的优缺点比较见表 2.1。

表 2.1　激光热敏光刻与光学光敏光刻比较

特　　点	光学光敏光刻	激光热敏光刻
光刻工艺	复杂	简单
环境影响	大	小
基本组成单元	分子	原子
特征尺寸	受衍射极限制约	无衍射极限制约
曝光灵敏度	高	低
曝光光谱	单波长	宽波长范围
跨尺度光刻	无	有
曝光响应时间	微秒/毫秒	纳秒
光刻环境	黄光/真空	白光/空气

激光热敏光刻中,光刻胶薄膜本质上是对激光的光热响应。由于无需预烘和后烘等步骤,光刻过程大大简化。热敏光刻胶薄膜对激光波长不敏感,曝光过程无需任何暗室或黄光环境。在远场范围内对激光束进行聚焦,样品表面与聚焦物镜之间的距离远大于激光波长,因此曝光操作简单,刻写速率快。光刻特征尺寸由四个因素共同决定,即激光光斑、热相变阈值、热扩散和非线性响应特性。通过调整光刻方案,图形的特征尺寸可大于激光光斑,也可小于激光光斑,即激光热敏光刻可突破光学衍射极限,实现跨尺度光刻。在不改变激光光斑尺寸的情况下,可在纳米到微米尺度内任意调节光刻的特征尺寸。显影过程是属于原子之间的裂解,因此光刻图形的边缘比小分子光刻胶更光滑、清晰,即线边缘粗糙度可控制在一个非常低的值。

2.6　本章小结

　　激光热敏光刻是利用激光光斑照射到热敏光刻胶薄膜上,激光能量被吸收后转变为热能,光刻胶薄膜被加热到一定的相变阈值,如结晶温度,会发生热诱导的结构转变。由于激光曝光区和非曝光区之间的湿刻选择性,结构转变区域在酸性或碱性溶液中被选择性湿刻,从而得到图形结构。激光热敏光刻是一种光热物理反应,可突破光学衍射极限,实现高速、大面积的跨尺度宽波段光刻。光刻系统采用远场聚焦光学,操作简单,可在自然光和大气环境下进行。图形特征尺寸可在纳米尺度至微米尺度之间调节,线边缘粗糙度可降至原子尺度。激光热敏光刻技术是对传统光学光敏光刻的颠覆,在芯片、微纳光学元件制造等领域具有广泛的应用前景。

参考文献

[1]　THACKERAY J W. Chemically amplified resists and acid amplifiers[J]. Frontiers of Nanoscience,2016,11：211-222.

[2]　HONG S,NISHIBE T,OKAYASU T,et al. Acid diffusion characteristics of RELACS coating for 193nm lithography[J]. Proc. SPIE,2004,5376：285-293.

[3]　LI L,LIU X,PAL S,et al. Extreme ultraviolet resist materials for sub-7 nm patterning[J]. Chem. Soc. Rev. ,2017,46：4855-4866.

[4]　NAGAI T,NAKAGAWA H,NARUOKA T,et al. Novel high sensitivity EUV photoresist for sub-7nm node[J]. Proc. SPIE,2016,10143：101430X.

[5]　HACKER N P, WELSH K M. Photochemistry of triphenylsulfonium salts in poly[4-[(tert-butoxycarbonyl)oxy]styrene]：evidence for a dual photoinitiation process[J]. Macromolecules,1991,24：2137-2139.

[6]　KANG S,PRABHU V M,WU W L,et al. Characterization of the photoacid diffusion length[J]. Proc. SPIE,2009,7273：72733U.

[7]　OKAMURA H,MIYAMA K,MATSUMOTO A,et al. Acid diffusion at ArF resist/Si-hardmask interface[J]. J. Adhesion Soc. Jpn. ,2015,51：332-335.

[8]　DENG C,GENG Y,WU Y. Selective wet etching of $Ge_2Sb_2Te_5$ phase-change thin films in thermal lithography with tetramethylammonium[J]. Appl. Phys. A,2011,104：1091-1097.

[9]　LI H,GENG Y,WU Y. Selective etching characteristics of the AgInSbTe phase-change film in laser thermal lithography[J]. Appl. Phys. A,2012,107：221-225.

[10]　YOON H R,JO W,CHO E,et al. Microstructure and optical properties of phase-change Ge—Sb—Te nanoparticles grown by pulsed-laser ablation[J]. J. Non-Crystal. Solids, 2006,352：3757-3761.

［11］ ZHAO R,CHONG T C,SHI L P,et al. Study of the structural transformation of $Ge_2Sb_2Te_5$ induced by current pulse in phase change memory[J]. MRS Proc. ,2003,803: HH1. 5.

［12］ ITO E,KAWAGUCHI Y,TOMIYAMA M,et al. TeO_x-based film for heat-mode inorganic photoresist mastering[J]. Jpn. J. Appl. Phys. ,2005,44: 3574-3577.

［13］ RAOUX S,XIONG F,WUTTIG M,et al. Phase change materials and phase change memory[J]. MRS Bulletin,2014,39: 703-710.

［14］ MAMIN H J. Thermal writing using a heated atomic force microscope tip[J]. Appl. Phys. Leet,1996,69: 433-435.

［15］ CHEN J K,LIN J W,CHEN J P,et al. Optimization of Ge—Sb—Sn—O films for thermal lithography of submicron structures[J]. Jpn. J Appl. Phys. ,2012,51: 06FC03.

［16］ AKIRA K,KATSUHISA A,YOSHIHIRO T,et al. High-resolution blue-laser mastering using an inorganic photoresist[J]. Jpn. J. Appl. Phys. ,2003,42: 769-771.

［17］ TANAKA K,GOTOH T,SUGAWARA K. Nano-scale phase changes in Ge-Sb-Te films with electrical scanning probe microscopes[J]. J. Optoelectronics Adv. Mater. ,2004,6: 1133-1140.

［18］ HIROSHI M,NOBUAKI T,YOSHITAKA H,et al. Patterning of ZnS—SiO_2 by laser irradiation and wet etching[J]. Jpn. J. Appl. Phys. ,2006,45: 1410-1413.

［19］ SHPORTKO K,KREMERS S,WODA M,et al. Resonant bonding in crystalline phase-change materials[J]. Nat. Mater. ,2008,7: 653-658.

［20］ DUN A,WEI J,GAN F. Laser direct writing pattern structures on AgInSbTe phase change thin film[J]. Chin. Opt. Lett. ,2011,9: 082101.

［21］ YANG C,HSU M,CHANG S,et al. Spin coatable inorganic resist for high density disk mastering process application[J]. Jpn. J. Appl. Phys. ,2008,47: 6023-6024.

［22］ LI J,ZHENG L,XI H,et al. A study on inorganic phase-change resist $Ge_2Sb_{2(1-x)}Bi_2 xTe_5$ and its mechanism[J]. Phys. Chem. Chem. Phys,2014,16: 22281-22286.

［23］ XI H,LIU Q,GUO S. Phase change material $Ge_2Sb_{1.5}Bi_{0.5}Te_5$ possessed of both positive and negative photoresist characteristics[J]. Mater. Lett. ,2012,80: 72-74.

［24］ KOLOBOV A V,FONS P,FRENKEL A I,et al. Understanding the phase-change mechanism of rewritable optical media[J]. Nat. Mater. ,2004,3: 703-708.

［25］ KRBAL M,KOLOBOV A V,FONS P,et al. Intrinsic complexity of the melt-quenched amorphous $Ge_2Sb_2Te_5$ memory alloy[J]. Phys. Rev. B,2011,83: 054203.

［26］ KOHARA S,KATO K,KIMURA S,et al. Structural basis for the fast phase change of $Ge_2Sb_2Te_5$: ring statistics analogy between the crystal and amorphous states[J]. Appl. Phys. Lett. ,2006,89: 201910.

高速旋转型激光热敏光刻系统

3.1 引言

通过传统的激光直写系统进行热敏光刻普遍存在刻写速率较慢等问题。例如,经典的 x-y 型矢量模式微纳结构制备存在不断加速/减速的运动过程,导致刻写速率仅为毫米每秒至厘米每秒量级,尽管基于光束扫描模式的光刻速率更快,但持续的加速/减速过程及图形拼接问题,仍然制约微纳结构的快速制备。

为了进行大面积的微纳结构制备,如在 6 英寸(1 英寸=2.54 厘米)基片上制备 100 nm 特征尺寸的图形结构,其曝光速率需达到 1 m/s 或 100 mm^2/min 的量级。为避免持续的加速/减速过程及图形拼接问题,激光热敏光刻需在高速旋转型光刻系统中进行。其中,激光波长为 405 nm,聚焦透镜的数值孔径为 0.80～0.95。样品需要吸附在旋转台上,且运动台平稳运行下的转速能达到 1000～2000 r/min。同时,聚焦光斑沿旋转台径向运动,旋转与径向运动构成极坐标 (r, θ) 系统。聚焦光斑辐射到样品表面,样品被加热到结构转变温度导致热敏曝光。因此,旋转型极坐标光刻系统能进行高速且大面积的激光热敏光刻。

3.2 系统基本架构

极坐标系激光热敏光刻系统如图 3.1 所示。氮化镓半导体激光器发射波长为 405 nm 的激光束,该激光束通过扩束镜等光学元件后入射到高数值孔径的物镜,经过物镜的激光束形成衍射极限的聚焦光斑照射到样品上,称为聚焦光斑。聚焦

光斑直径为 $0.50\sim0.55~\mu m$(最大激光强度的 $1/e^2$ 处)。样品放置在真空吸附台上,其直径为 120 mm。真空吸附台通过空气轴承旋转电机驱动,该电机的最大线速度为米每秒量级。旋转角(θ)由圆光栅尺测量并反馈到计算机。直线电机提供径向运动,且光学模块安装在直线电机上。径向运动的距离(r)通过线光栅尺测量得到,旋转台和直线电机构成了极坐标(r,θ)系统。聚焦光斑在样品上的位置(r,θ)可通过读取线光栅尺和圆光栅尺的数据快速获取。另外,极坐标系统上需要设计并安装伺服跟踪模块,使光刻过程中聚焦光斑时刻保持在样品表面。

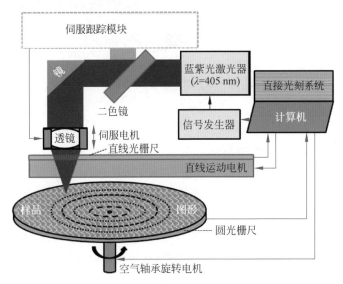

图 3.1　高速旋转型激光热敏光刻系统原理[1]

　　基本的光路模块安装在直线电机上,包括光刻单元、照明单元、成像和伺服跟踪单元等,如图 3.2(a)所示。样品放置在旋转台上,光刻单元用于样品曝光。光刻过程中,伺服跟踪单元用于保持样品始终处于物镜的焦平面上,而物镜固定在执行器(如 PZT 或机械执行器)上,可沿 z 方向运动。照明与成像模块用于观察和标记样品表面的微纳结构。

　　光刻单元的光路如图 3.2(b)所示,GaN 半导体激光器发射出波长为 405 nm 的激光束。激光束反射进物镜(物镜的数值孔径为 $0.80\sim0.95$),并聚焦成衍射极限光斑辐射到样品表面。信号发生器连接到激光器的高频 TTL 调制端口,使激光束被调制成任意脉冲形式。调制的激光光斑辐射到样品表面,样品被加热到结构转变温度时发生热敏曝光,从而在样品表面得到所需图形。

　　极坐标(r,θ)型激光热敏光刻系统的实物如图 3.3(a)所示,包括伺服跟踪控制主面板(标记为 A)、旋转电机(θ 轴,标记为 B)、高精度线性运动台(r 轴,标记为 C)

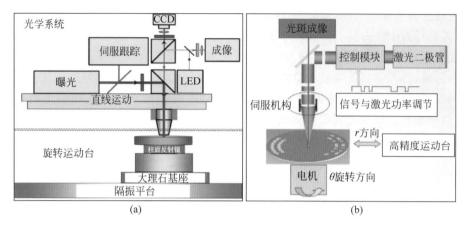

图 3.2　旋转型激光热敏光刻系统原理[2-3]

(a)基本光路模块；(b)光刻单元的光路模块，通过 CCD 对刻写光斑直接成像进行聚焦操作

和小型光机模块(标记为 D)等[3]。

(1) 模块 A 具有激光控制与脉冲调制、伺服跟踪控制等功能。伺服跟踪控制器专门用于接收光电探测器的聚焦误差信号(FES)，并对聚焦执行器进行闭环控制。此外，采用具有自动功率控制的恒流驱动器来调节激光强度，用计算机收集数据并与伺服跟踪控制主面板及光机单元 D 进行通信。

(2) 激光热敏光刻系统中还包括旋转样品台及线性运动单元，该仪器系统的光机架构与传统的光盘播放器类似。与传统 DVD 及蓝光播放器的光机模块相比，该仪器系统的伺服跟踪精度、光斑形状及执行器结构等均得到了优化(图 3.3(b))。

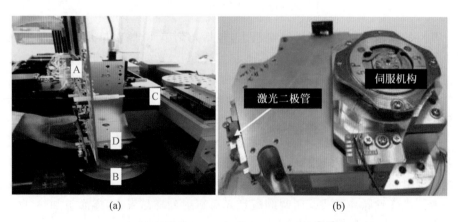

图 3.3　旋转型激光热敏光刻系统实物[2-3]

(a)配有小型光机模块和伺服跟踪控制主面板的仪器；(b)光盘播放器中的光机模块

3.3　伺服跟踪模块

目前已经发展了多种伺服跟踪方法,如光学方法和气流法。本节主要介绍基于双柱面镜的像散法。

3.3.1　基于双柱面镜的像散法原理

基于双柱面镜的像散法光路原理如图 3.4(a)所示,其中两个柱面镜(标记为 CL_x 和 CL_y)作为像散元件,CL_x 和 CL_y 的焦距各自记为 f_x 和 f_y。柱面镜 CL_x 和 CL_y 放置在相互正交的系统中。CL_x 可调节四象限探测器上 x 方向的光斑光轴,而 CL_y 用来调节四象限探测器上 y 方向的光斑光轴。CL_x 和 CL_y 一起构成了双柱面镜组。放置在双柱面镜组后方的四象限探测器(FQD)作为信号探测元件并获取聚焦误差信号(FES)。L_o 是焦距为 f_0 的物镜,用于将激光束聚焦成艾里光斑。P_f 是 L_o 的焦平面,P_a 和 P_p 分别是 L_o 的远焦平面和近焦平面。

图 3.4(a)中,双柱面镜组作为像散元件并产生 FES 信号,当样品位于 L_o 的 P_f 焦平面,反射光通过 L_o 和双柱面镜组到达四象限探测器,其光斑为圆形光斑,如图 3.4(b2)所示。当样品位于 L_o 的 P_a 平面处时,四象限探测器上的光斑为直立椭圆型光斑,如图 3.4(b1)所示。当样品位于 L_o 的 P_p 平面时,四象限探测器上形成水平椭圆光斑,如图 3.4(b3)所示。

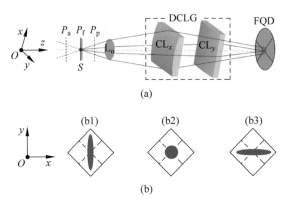

图 3.4　双柱面镜像散法原理[4]

(a) 光路;(b) 四象限探测器上光斑形状变化

3.3.2　聚焦误差信号理论分析

聚焦误差信号分析如下:A_1、A_2、A_3 和 A_4 分别为四象限探测器上各象限光

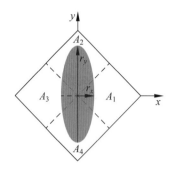

图 3.5　四象限探测器上的光斑[4]

斑的面积,如图 3.5 所示,对应的光斑强度分别为 I_1、I_2、I_3 和 I_4。r_x 和 r_y 分别为四象限探测器上光斑在 x 轴和 y 轴上的半径。

$$\text{FES} = \frac{-I_1 + I_2 - I_3 + I_4}{I_1 + I_2 + I_3 + I_4} \tag{3.1}$$

这里假设四象限探测器上的光斑具有均匀的强度分布,可以得到

$$I_i = CA_i, \quad i = 1, 2, 3, 4 \tag{3.2}$$

这里 C 为常数,考虑光斑的对称性,

$$A_1 = A_3, \quad A_2 = A_4 \tag{3.3}$$

基于式(3.1)~式(3.3)及光斑的对称关系,FES 的计算公式如下:

$$\text{FES} = \frac{2}{\pi} \left(\arcsin \frac{|r_x|}{\sqrt{r_x^2 + r_y^2}} - \arcsin \frac{|r_y|}{\sqrt{r_x^2 + r_y^2}} \right) \tag{3.4}$$

r_x 和 r_y 的值通过成像原理得到,如图 3.6 所示。光被样品反射后,反射光经过 L_o 和双柱面镜组,最后到达四象限探测器。a_o 和 b_o 分别为 L_o 的物距和像距,a_x 和 b_x 分别为 CL_x 的物距和像距,a_y 和 b_y 分别为 CL_y 的物距和像距,l_{xy} 是 CL_x 和 CL_y 之间的距离。为了计算 r_x 的值,需考虑 CL_y 作为镜面,如图 3.6(a)所示。r_o 和 $r_{\text{cl}x}$ 是投影到 L_o 和 CL_x 的光束半径。CL_x 和四象限探测器之间的距离为 m_x。基于高斯成像公式,可得

$$1/a_o + 1/b_o = 1/f_o, \quad -1/a_x + 1/b_x = 1/f_x \tag{3.5}$$

基于同位三角理论,可得

$$r_x / r_{\text{cl}x} = (m_x - b_x)/b_x, \quad r_{\text{cl}x}/r_o = a_x/b_o \tag{3.6}$$

r_x 可通过如下公式计算:

$$r_x = \frac{m_x - b_x}{b_x} r_{\text{cl}x} = r_o \frac{m_x - b_x}{b_x} \frac{a_x}{b_o} \tag{3.7}$$

基于式(3.5)和式(3.7),可得

$$r_x = r_o \left[\frac{m_x}{f_x} + \frac{m_x(a_o - f_o)}{a_o f_o - l_x a_o + l_x f_o} - 1 \right] \left[1 - \frac{l_x(a_o - f_o)}{a_o f_o} \right] \tag{3.8}$$

相似地,若以 CL_x 作为镜面,可得到 r_y,如图 3.6(b)所示,其中 $r_{\text{cl}y}$ 是 CL_y 上的光束半径,m_y 是 CL_y 和四象限探测器之间的距离。经数学推导,可以得到

$$r_y = r_o \left[\frac{m_y}{f_y} + \frac{m_y(a_o - f_o)}{a_o f_o - l_y a_o + l_y f_o} - 1 \right] \left[1 - \frac{l_y(a_o - f_o)}{a_o f_o} \right] \tag{3.9}$$

从图 3.6 可发现 $m_y = m_x - l_{xy}$,$l_y = l_x + l_{xy}$,式(3.9)可进一步推导:

$$r_y = r_o \left[\frac{m_x - l_{xy}}{f_y} + \frac{(m_x - l_{xy})(a_o - f_o)}{a_o f_o - (l_x + l_{xy})a_o + (l_x + l_{xy})f_o} - 1 \right] \left[1 - \frac{(l_x + l_{xy})(a_o - f_o)}{a_o f_o} \right]$$

$$(3.10)$$

结合式(3.4)、式(3.8)和式(3.10)可得 FES、r_x 和 r_y 与 Δa_0 离焦量之间的关系,其中 Δa_0 为 a_0 的改变量,FES 与 Δa_0 的关系称为 S 曲线,r_x 和 r_y 的最大值分别记为 R_x 和 R_y,实际应用中,R_x 和 R_y 值受限于四象限探测器的尺寸大小。

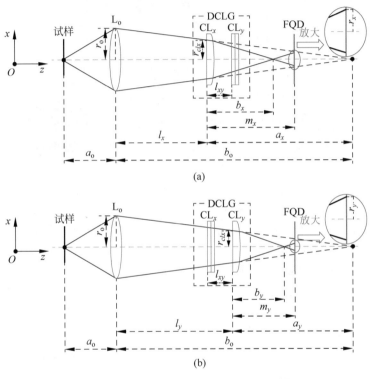

(a)

(b)

图 3.6　用于计算 r_x 和 r_y 的简化光路[4]

3.3.3　计算与仿真结果

伺服跟踪系统中,L_o、CL_x 和 CL_y 的值固定后,参数 l_x、l_{xy} 和 m_x 由式(3.4)、式(3.8)和式(3.10)决定。具体参数设置如下:对于 L_o,$f_o = 2$ mm,$r_o = 5$ mm;对于 CL_x,$f_x = 80$ mm;对于 CL_y,$f_y = 150$ mm;样品的初始位置为焦平面 L_o,$a_o = f_o = 2$ mm。通过计算 FES 和 Δa_0 的关系,即从大范围动态跟踪和高精度跟踪的 S 曲线,可得到优化的 l_x、l_{xy} 和 m_x 参数。S 曲线上峰与谷之间有一段线性范围,典型的 S 曲线如图 3.7 所示,其中 S 曲线的峰值和谷值分别记为 A 和 B。

FES 与离焦量之间的线性响应为 C_1 和 C_2。

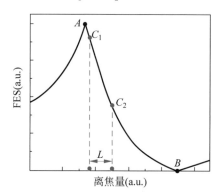

图 3.7 S 线性范围定义图[4]

优化参数前,需要设置 l_x、l_{xy} 和 m_x 的初始值,这些值通过实验确定。例如,在激光热敏光刻中,离焦量 Δa_0 接近数十微米。动态线性范围可设为 10 μm＜L＜40 μm,可将初始值设置为 $l_x=l_{x0}=350$ mm,$l_{xy}=l_{xy0}=20$ mm 且 $m_x=m_{x0}=140$ mm。

为了得到一个更加瘦长的椭圆光斑,在四象限探测器上呈现对称性变化,R_x 和 R_y 应近似。一方面,若 R_x 和 R_y 过大,四象限探测器则不能接收所有激光;另一方面,如果 R_x 和 R_y 较小,光斑的变化不足以在四象限探测器上引起信号变化。即 R_x 和 R_y 不满足条件要求,R_x 和 R_y 应限制在一特定范围,从而满足实验需求。同时,为了降低杂散光引起的噪声,需满足 $R_x \approx R_y$。由以上条件可得,3.3 mm＜R_x＜3.8 mm、3.3 mm＜R_y＜3.8 mm 及 $|R_x-R_y|$＜0.1 mm。其他参数 l_x、l_{xy} 和 m_x 可通过如图 3.8 所示的流程进行优化。

通过参数优化,可得 $l_x=400$ mm,$m_x=150$ mm,$l_{xy}=30$ mm。相应的 S 曲线如图 3.9(a)所示。四象限探测器上的典型光斑,分别对应于后焦面、焦平面和前焦面情况,如图 3.9(b)～(d)所示。由图可知 S 曲线上的线性范围 L 接近 18 μm,且样品在后焦面和前焦面情况下,四象限探测器上的光斑均为瘦长的椭圆形光斑。前焦面平面上,$r_x=3.427$ mm,$r_y=0.023$ mm;后焦面平面上,$r_x=0.023$ mm,$r_y=3.427$ mm。当样品正好处在焦平面上时,$r_x=1.727$ mm 且 $r_y=1.728$ mm,四象限探测器上的光斑为圆形光斑。

3.3.4 伺服跟踪模块测试

1. 光学模块设计

为了验证理论分析,搭建了一套由双柱面镜组成的伺服跟踪模块,如图 3.10 所示[4]。该装置中,波长为 658 nm 的激光依次通过 1/2 波片、偏振分光棱镜(PBS)、

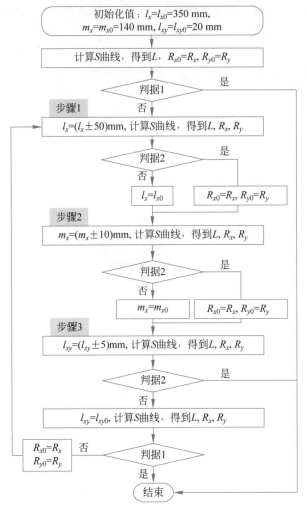

判据1：
10 μm＜L＜40 μm
3.3 mm＜R_x＜3.8 mm
3.3 mm＜R_y＜3.8 mm
$|R_x-R_y|$＜0.1 mm？

判据2：
$(R_{x0}+R_{y0})$＜(R_x+R_y)＜7.6 mm
R_x＜3.8 mm，R_y＜3.8 mm？

图 3.8　参数优化流程[4]

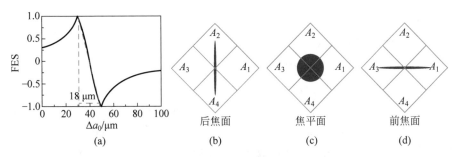

图 3.9　计算得到的四象限探测器上的 S 曲线和光斑

（a）S 曲线；样品处在后焦面（b）、焦平面（c）、前焦面（d）上的光斑形状

49

1/4 波片和物镜 L_o 聚焦到样品表面。样品表面反射的光束通过物镜 L_o 和 PBS 进入双柱面镜组并聚焦到四象限探测器上。物镜安装在执行器上,通过反馈 FES 信号到执行控制器调节 z 轴上下移动。基于理论计算,参数选择如下:对于 L_o, $f_o = 2$ mm, $r_o = 5$ mm;对于 CL_x, $f_x = 80$ mm;对于 CL_y, $f_y = 150$ mm; $l_x = 400$ mm, $m_x = 150$ mm, $l_{xy} = 30$ mm。

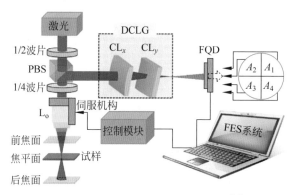

图 3.10　伺服跟踪模块的实验原理[4]

2. 弹性阻尼臂致动器设计

执行器能够提供 z 方向的稳定聚焦功能,是伺服跟踪模块中至关重要的器件之一。在集成机械和电子的精确运动控制模块中,执行器是重要的能量转换器件。目前存在多种执行器,如 PZT 和音圈马达。根据磁场中的电流产生洛伦兹力,驱动物镜运动的原理,设计了一种弹性阻尼臂致动器[3]。机械爆炸图和机械组装图如图 3.11(a)和(b)所示,运动部分由铜箔等弹性材料组成,即弹簧臂。弹簧臂的形状需多次优化以减少高次谐振的影响。磁路包括磁轭、磁铁和铜线圈,主要用于最优磁流密度的产生。为了调整物镜的静态倾斜度,磁轭下方被加工成碗形,磁轭中心与物镜一致。组装好的器件需要进行测试,以保证在工作距离内具有高的线性度,动态倾斜测量值应低于 1.0 弧分,结合高精度执行器和自动伺服控制系统,伺服跟踪误差可控制在纳米量级。

3. 伺服跟踪控制模块

对于伺服跟踪控制模块,控制系统需要具有高的聚焦精度和跟踪速度。图 3.12 是伺服跟踪控制单元和信号流程图[3]。整个单元流程由 8501 微控制器控制,FPGA 模块可进一步分为伺服控制、刻写策略及定位界面。伺服跟踪控制模块允许控制 AKM 模拟信号处理器的逻辑序列。刻写策略模块能提供基于 (r, θ) 运动速度的激光调制驱动信号。定位界面模块能接收来自 (r, θ) 运动台的信号。另外,通过 8501 微控制器的程序可依次控制 S 曲线搜索、寻焦、刻写测试、功率调节及频率响应等。

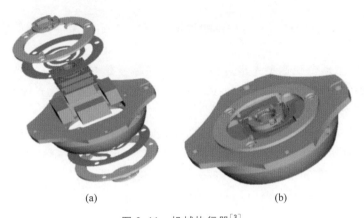

(a)　　　　　　　　　　　　　　(b)

图 3.11　机械执行器[3]

（a）机械爆炸图；（b）机械组装图

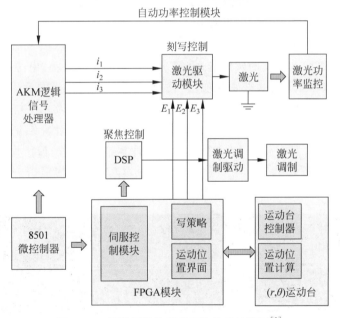

图 3.12　伺服跟踪控制单元和信号流程图[3]

自动跟踪流程如下：

（1）激光热敏光刻系统中，利用 S 曲线搜索函数寻找合适的工作距离；

（2）当(r,θ)运动台旋转时，返回主程序确定聚焦函数；

（3）通过 AKM 处理器分析聚焦误差信号并发送到伺服控制模块的数字信号处理器 DSP；

（4）通过 DSP 计算补偿数字信号，并发送到执行器中，实现伺服跟踪模块的闭环控制；

(5) 在接收到来自(r,θ)运动台的触发信号之前,始终保持伺服跟踪模块处在聚焦状态。

当(r,θ)运动台到达预先指定位置时,发送触发信号到 FPGA 刻写模块。刻写模块即刻发送调制脉冲电信号到激光驱动器,使激光器发出激光脉冲,从而进行激光热敏曝光。

激光热敏曝光过程中,激光器温度由于长时间工作而改变,这会对刻写的图形结构产生不利影响,因此需要精确控制激光器的输出功率。一般通过二极管电路对输出的激光功率进行实时监控,并将输出功率转换成电压信号,再将电压信号发送到激光器的闭环控制电路中,并与初始电压信号比较得到差值,该差值用作反馈信号并补偿给激光器,从而提高刻写激光功率的稳定性。

3.3.5　伺服跟踪模块实验结果

伺服跟踪的光学模块和控制模块分别如图 3.10 和图 3.12 所示,实验上得到的实际光斑形状如图 3.13 所示[4]。相比激光束的原始光斑(图 3.13(a)),样品放置在透镜的焦平面上得到的圆形光斑(图 3.13(c))的尺寸更小,由于柱面镜的会聚效应,光斑形状与原始光斑非常相似。当样品分别移动到物镜的后焦面、焦平面和前焦面时,四象限探测器上的光斑由直立椭圆形变为圆形及水平椭圆形,分别如图 3.13(b)～(d)所示。与图 3.9 相比,实验得到的光斑与计算结果非常吻合,其中的微小差异主要来自物镜 L_o 参数的影响。计算过程中,L_o 被认为是理想透镜,实验上采用的是高数值孔径的物镜(数值孔径为 0.9),该物镜由一组镜片构成。因此在计算 FES 和光斑时,通常采用工作距离替代 L_o 的焦距。

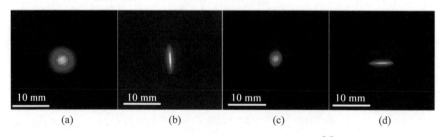

图 3.13　伺服跟踪模块中激光光斑的变化[4]

(a) 激光束的原始形状;当样品放置在物镜的后焦面(b)、焦平面(c)和前焦面(d)位置时,四象限探测器上光斑的实际变化情况

通过观察四象限探测器上光斑形状的变化和离焦量(Δa_0),实验上就可以得到 FES 曲线,如图 3.14 所示[4]。四象限探测器各象限的信号强度与 Δa_0 的关系如图 3.14(a)所示。由图可知,象限 A 和象限 C 的信号值一致,象限 B 和象限 D 的值一致,这表明四象限探测器上光斑形状随 Δa_0 的变化具有对称性和均匀性的特

点,且光斑在四象限探测器中心。结合式(3.1)和图 3.14(a)中 FES 与 Δa_0 的关系,进一步得到优化的 S 曲线,如图 3.14(b)所示,FES 在 $-0.845 \sim 0.752$ 变化。S 曲线中的线性范围达到 $18~\mu m$,与计算结果一致。

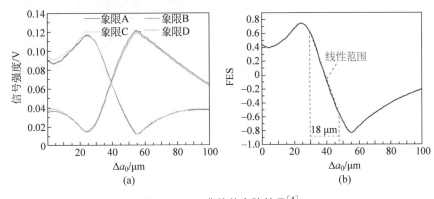

图 3.14　S 曲线的实验结果[4]

(a) 各象限信号与离焦量的相关性;(b) S 曲线

　　另一个实验用于测试伺服跟踪精度。该实验中,将执行器上下移动过程中的频率设为 5 Hz,探测到的 FES 信号如图 3.15 所示[4]。在图 3.15(a)中,矩形波脉冲信号发送到执行器中,并在 500 nm 范围上下移动,频率为 5 Hz。即 Δa_0 在上下方向以 500 nm 幅度和 5 Hz 频率周期性变化。执行器的运动引起样品的离焦并测试了离焦量,相应的测试结果如图 3.15(b)所示。由图可得,在 5 Hz 的跟踪响应频率下,根据 FES 曲线的变化可以看出跟踪模块可精确地检测到 500 nm 的离焦量。在图 3.15(c)中,当离焦量降低到 50 nm 时,将频率为 5 Hz 的矩形波脉冲信号发送到执行器中,执行器以 50 nm 的距离上下移动。测试的 FES 曲线如图 3.15(d)所示,尽管曲线不平滑,但可以看出 FES 值依然保持周期性变化,变化频率与矩形波模拟电信号一致。

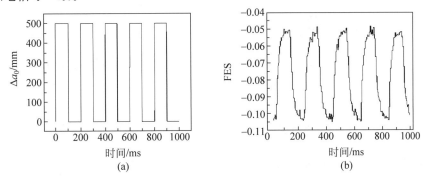

图 3.15　在频率为 5 Hz 的矩形波脉冲信号作用下,跟踪模块探测到的离焦量 Δa_0 精度[4]

(a) 500 nm 离焦量;(b) 对应的 FES 探测;(c) 50 nm 离焦量;(d) 相应的 FES 探测

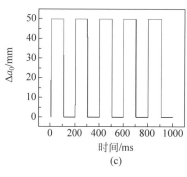
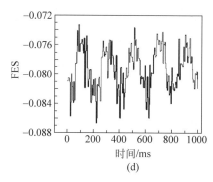

图 3.15　（续）

在执行器处于静止状态时测量了跟踪模块的 FES 噪声信号[4]，测试结果如图 3.16 所示。FES 噪声范围是 ±0.002 且无周期性特征，这表明如图 3.15 所示的周期性信号来源于执行器，并非噪声干扰。也就是说该跟踪模块可探测 500 nm 的离焦量，且探测精度可达 50 nm。

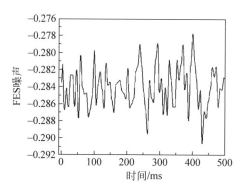

图 3.16　FES 噪声信号随时间变化（执行器处于静态中）[4]

3.4　样品运动误差测试模块

众所周知，FES 还可以通过单柱面镜像散法探测，其中柱面镜和四象限探测器分别作为像散元件和信号获取元件。实际上，基于四象限探测器的光学像散法还可用于测量电动平台的运动平面度误差，测试过程中，样品放置在物镜的焦平面上。该方法不仅响应快、精度高，而且可以检测物镜的聚焦误差信号和自动寻找物镜的焦平面。

3.4.1　基于单柱面镜的像散法

单柱面镜像散法的基本光学原理如图 3.17 所示[5]。在图 3.17(a)中，L_o 是焦

距为 f_o 的物镜,CL 是焦距为 f_c 的柱面镜,FQD 是四象限探测器。样品放置在
L_o 的左侧,来自样品表面的光束反射后通过 L_o 和 CL 到达四象限探测器。当样品
位于 L_o 的焦平面(焦点为 S_0),四象限探测器上的光斑为圆形斑,如图 3.17(b2)所
示;样品位于 S_1 时(即离焦中的后焦位置),四象限探测器上的光斑为椭圆形斑,
占据更多的 x 方向的面积,如图 3.17(b1)所示;样品放置在 S_2 时(即离焦中的前
焦位置),四象限探测器上的光斑为占据更多 y 方向的椭圆形光斑,如图 3.17(b3)
所示。

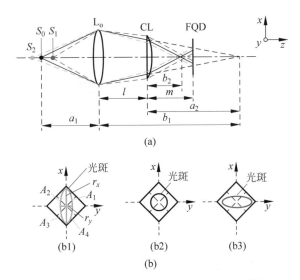

图 3.17　基于单柱面镜像散法的原理图[5]

(a) 光路图;(b) 四象限探测器上的光斑形状;(b1) 后焦位置的椭圆光斑;(b2) 焦点处的圆形光斑;
(b3) 前焦处的椭圆光斑

图 3.17(a)中,a_1 和 b_1 分别是透镜 L_o 的物距和像距,a_2 和 b_2 分别是柱面镜
CL 的物距和像距,L_o 和 CL 之间的距离记为 l。利用高斯成像公式可得

$$1/a_1 + 1/b_1 = 1/f_0, \quad -1/a_2 + 1/b_2 = 1/f_c \qquad (3.11)$$

图 3.17(b1)中,通过 x 方向的半径 r_x 和 y 方向的半径 r_y 描述四象限探测器
上的反射光斑,若 L_o 和 CL 的半径分别是 r_1 和 r_2,m 是 CL 和四象限探测器之间
的距离,可得

$$r_x/r_2 = (m-b_2)/b_2, \quad r_y/r_2 = (a_2-m)/a_2, \quad r_2 = r_1 a_2/b_1 \qquad (3.12)$$

基于式(3.11)和式(3.12),r_1 和 r_2 计算如下:

$$r_x = r_1 \left[1 - \frac{l(a_1-f_0)}{a_1 f_0}\right] \times \left[\frac{m}{f_c} + \frac{m(a_1-f_0)}{a_1 f_0 - a_1 l + f_0 l} - 1\right] \qquad (3.13)$$

$$r_y = r_1 \left[1 - \frac{l(a_1 - f_0)}{a_1 f_0} \right] \times \left[1 - \frac{m(a_1 - f_0)}{a_1 f_0 - a_1 l + f_0 l} \right] \tag{3.14}$$

当 $a_1 = f_0$，四象限探测器上反射光斑为圆形斑，且 $r_x = r_y$，基于式(3.13)和式(3.14)，m 表示如下：

$$m = 2f_c \tag{3.15}$$

若反射光斑强度均匀分布，反射光斑总强度表示如下：

$$I_0 = C_1 \pi r_1^2$$

其中 C_1 为常数。各象限的反射光斑面积分别记为 A_1、A_2、A_3、A_4，各象限光强分别记为 I_1、I_2、I_3、I_4。基于椭圆光斑的对称性，$A_1 = A_3$，$A_2 = A_4$。因此，光强与面积的关系如下：

$$I_1 + I_3 = C_1 \pi r_1^2 \frac{A_1}{A_1 + A_2}, \quad I_2 + I_4 = C_1 \pi r_1^2 \frac{A_2}{A_1 + A_2} \tag{3.16}$$

聚焦误差信号定义为

$$\text{FES} = (I_1 + I_3 - I_2 - I_4)/(I_1 + I_2 + I_3 + I_4) \tag{3.17}$$

通过式(3.16)和式(3.17)，FES 计算如下：

$$\text{FES} = \frac{2}{\pi} \left(\arcsin \frac{|r_x|}{\sqrt{r_x^2 + r_y^2}} - \arcsin \frac{|r_y|}{\sqrt{r_x^2 + r_y^2}} \right) \tag{3.18}$$

为了计算 FES，可以将参数设置如下：$f_0 = 2$ mm，$f_c = 50$ mm，$r_1 = 5$ mm。需要注意的是，CL 的参数可通过光斑尺寸和四象限探测器确定。将参数代入式(3.18)，可仿真得到 FES 曲线。FES 随 Δa_1 和 l 的变化关系如图 3.18 所示，Δa_1 为 a_1 的改变量，由图可得 FES 曲线在不同 l 下相似，均呈 S 曲线特征。其中

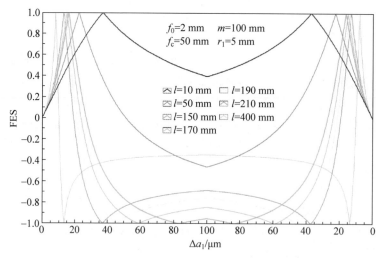

图 3.18　不同 l 下，FES 与 Δa_1 之间的关系[5]

的差异在于 l 越小,曲线灵敏度越低,当 $l<50$ mm 时,S 曲线特征不明显;当 $l>210$ nm 时,如 $l=400$ mm,S 曲线的线性范围较小,难以进行实际测试。仿真过程中,当 l 在 $150\sim210$ mm 变化时,可同时得到高精度和较大的线性范围。因此在实际应用中,需根据测试灵敏度(或精度)和测试范围来选择合适的参数。

3.4.2　小孔寻焦法的理论分析

在实际的应用中,首先需要将样品放置在物镜的焦平面上,这就需要给出一种自动寻焦方法,本节将介绍一种基于共聚焦显微镜原理的小孔寻焦法。该方法的基本原理如下:当样品位于物镜焦平面时,从样品反射回来的光束可通过透镜聚焦后形成一个微米级的聚焦光斑。在该光斑后面放一个小孔,聚焦光斑穿过小孔后在光电探测器上形成强的信号。当样品离焦时,来自于样品的反射光由于不再是平行光,这样经过透镜聚焦后,由于形成的聚焦光斑的尺寸大于小孔,因此只有很少一部分反射光信号进入小孔后的探测器,导致探测到的信号减弱。以此来判断样品是否位于物镜的焦平面内,从而实现自动寻焦,该方法称为小孔寻焦法。

小孔寻焦采用双透镜系统,其原理如图 3.19 所示。其中 L_1 是检测用的物镜,将光聚焦于样品表面[5],L_2 是用于将光收集到小孔的会聚透镜。L_1 的物点和像点分别记为 F_1 和 F_1',L_1 的物距和像距分别记为 f_1 和 f_1'。L_2 的物点和像点分别记为 F_2 和 F_2',L_2 的物距和像距分别记为 f_2 和 f_2'。双透镜系统的物点和像点分别记为 F 和 F',其物距和像距分别记为 f 和 f',F_1' 和 F_2 之间的距离为 Δ。由图 3.19(a)可得,准直光线(绿线)通过 L_1、点 F_1' 和 L_2,与光轴 OO' 相交于点 F',F_2' 和 F' 之间的距离为 x_F'。根据光束传播的可逆性原理,准直光线(蓝线)通过 L_2、焦点 F_2、L_1,并与光轴 OO' 相交于点 F,F_1 和 F 之间的距离为 x_F。

根据牛顿公式,x_F、x_F' 和 Δ 之间的关系如下:

$$x_F'=f_2f_2'/\Delta,\quad x_F=f_1f_1'/\Delta \tag{3.19}$$

实际上,图 3.19(a)可简化为透镜组,如图 3.19(b)所示。透镜组的物焦距和像焦距如下:

$$f'=f_1'f_2'/\Delta,\quad f=f_1f_2/\Delta \tag{3.20}$$

式(3.20)用于计算透镜组的物体和成像位置。图 3.19(b)中,当样品位于焦点 F_1 时,从样品处反射的光线(黑线)通过 L_1 和 L_2,并在 L_2 像平面的像点 F_2' 处成像,其中 F_2' 位于小孔处。当样品位于远离 L_1 焦点的 Q 点时,从样品处反射的光线(红线)通过 L_1 和 L_2,并与光轴 OO' 分别相交于 P 点和小孔平面的 N 点,其中 Q 点和 F_1 点之间的距离记为 Δx,P 点和 F_2' 点之间距离标记为 $\Delta x'$。

正如图 3.19(b)红虚线所示,当样品偏离 F_1 点,利用牛顿公式,可得

$$(x_F-\Delta x)(x_F'+\Delta x')=ff' \tag{3.21}$$

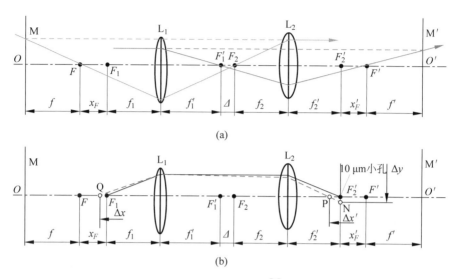

图 3.19　寻焦方法[5]

（a）光路图；（b）简化的透镜组

即

$$\Delta x' = ff'/(x_F - \Delta x) - x'_F \tag{3.22}$$

设 L_2 的半径为 R，可得

$$(f'_2 - \Delta x')\Delta y = R\Delta x' \tag{3.23}$$

由于小孔尺寸的限制，Δy 的最大值为 Δy_{max}，对应小孔的半径。Δx_{max} 可通过式（3.19）～式（3.23）推导：

$$\Delta x_{max} = f_1 f'_1 \Delta y_{max}/[Rf_2 + \Delta y_{max}(f_2 + \Delta)] \tag{3.24}$$

实际上，Δx_{max} 可认为是小孔寻焦法的分辨率。下面评估小孔寻焦法的分辨率。假设小孔半径为 $\Delta y_{max} = 5~\mu m$，$f_1 = f'_1 = 2~mm$，$R = 4~mm$，$\Delta = 280~mm$，$f_2 = 20~mm$，通过式（3.24），小孔寻焦法的分辨率为 $\Delta x_{max} = 245nm$，该结果满足样品运动台的平面度测试需求。

3.4.3　样品运动台的平面度测试系统

1. 测试系统搭建

为了测试样品运动台在运动过程中的振动误差，搭建了一套测试系统，其原理如图 3.20 所示。该系统包括小孔寻焦模块、聚焦误差信号探测单元和电子控制单元。对于小孔寻焦模块，波长为 405 nm 的蓝光激光束用作寻焦光束，激光束由 GaN 半导体激光器产生。蓝光激光束通过 1/2 波片（1/2WP$_1$）、偏振分光棱镜（PBS$_1$）、1/4 波片（1/4WP$_1$）和合束镜（BC），并被反射镜（M$_1$）反射后，通过物镜

(L_1)聚焦到运动台表面。蓝光光束从运动台表面反射进入 PBS_1 和反射镜(M_2)，最后通过透镜(L_2)聚焦进入小孔，小孔直径为 $10~\mu m$。光电探测器位于小孔后，用于探测通过小孔的蓝光光束强度。L_1 和 L_2 的数值孔径分别为 0.80 和 0.25。

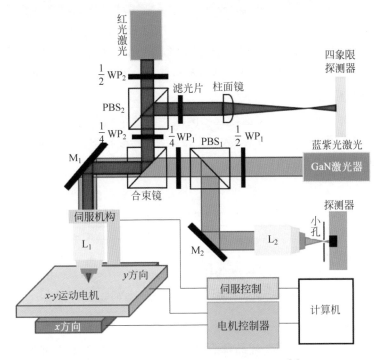

图 3.20 运动台的振动测试系统原理图[5]

聚焦误差信号探测模块与小孔寻焦模块相似，一束 658 nm 的红光依次通过 $1/2WP_2$、PBS_2、$1/4WP_2$ 和 BC，并被 M_1 反射后，通过 L_1 聚焦到运动台表面。红光束在运动台上反射进入滤波片，消除蓝光。最后红光束通过柱面镜（CL）聚焦到四象限探测器上。

运动台振动测试系统的工作流程如下：

（1）小孔寻焦模块：GaN 蓝光激光器打开，将激光聚焦到样品表面。蓝光在样品表面反射，通过 L_2 聚焦进入小孔，光电探测器（PD）用于收集小孔信号。样品表面与 L_1 之间的距离可调，当 PD 信号最大时，样品被固定在 L_1 焦平面。

（2）聚焦误差信号探测：红光光束聚焦至样品表面，再反射进入柱面镜，CL 聚焦反射的红光束至四象限探测器。①当样品处在 L_1 的焦点处，四象限探测器的反射光斑是均匀的圆形光斑（图 3.17(b2)），来自四象限探测器的信号为 0，执行器调节到基点。②当样品位于后焦处时，四象限探测器上的反射光斑形状为水平方向的椭圆形光斑（图 3.17(b1)），四象限探测器上的信号为负，计算机驱动执行器从负位返回基点,执行器的运动距离可认为是运动台的平面度误差。③当样品位于前焦处时,四象限探测器上的反射光斑形状为垂直方向的椭圆形光斑(图 3.17 (b3)),四象限探测器上的信号为正,计算机驱动执行器从正位返回到基点位置。

在实际操作中,比例-积分-微分(PID)控制算法可用于测试离焦距离。首先, FES 设置为 0,其对应于线性范围的中点。其次,FES 须通过 PID 控制算法保持稳定。当样品离焦时,通过移动执行器来实现 FES 的稳定,最后,得到执行器的输出值和样品在 z 方向的位移量,执行器的移动距离可用于运动台表面的平面度误差测量。

2. 测试系统性能分析

为了验证样品台的运动平面度误差测试系统的精确性,需测得 FES 曲线的线性范围。驱动执行器以 0.1 Hz 的频率上下运动,记录 FES。FES 与执行器的运动量之间的关系如图 3.21 所示。

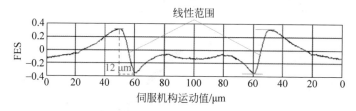

图 3.21　FES 与运动执行器的运动量的关系[5]

在测试样品台的运动平面度误差之前,需测试系统的精度。采用的标准样品是具有台阶的金属 Al 薄膜。样品台阶高度由高精度轮廓仪测得,轮廓仪的精度范围是 1 nm,测试结果如图 3.22(a)所示,由图可得台阶高度为 2.88 μm。随后采用如图 3.20 所示的系统测试样品上的台阶,结果如图 3.22 所示[5]。台阶高度为 2.92 μm,这与轮廓仪测得的值大致相当,两者测试误差控制在 0.1 μm 内。这表明测试系统具有的测试精度范围是±100 nm。

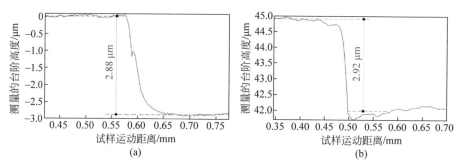

图 3.22　轮廓仪和本系统测试结果对比

(a) 轮廓仪；(b) 本系统

3.4.4　样品台的运动平面度测试

本节测试了不同运动速率下样品台运动平面度的误差。将光滑的平面镜(作为样品)放置在样品台上,平面镜可反射激光束进入光电探测器和四象限探测器。样品台运动距离为 10 mm,采样频率为 100 Hz,实验结果如图 3.23 所示[5]。如图 3.23(a)所示为 x 轴步进电机来回运动情况下平面度测试结果。不同运动速度下最大和最小运动平面度的差值如图 3.23(b)所示。由图可得其差值变化范围为 0.45～0.75 m。需要指出的是,样品运动平面度误差包括两个方面:一是样品表面本身;二是来自步进电机的运动误差,与运动速率相关。随着运动速率增加,其最大与最小运动平面度的差值减小,与通常的机械运动理论一致。该理论认为低速运动会引起爬行效应,运动平面度差值变大。当运动速度增加后,爬行效应逐渐消失,其差值也相应减小。

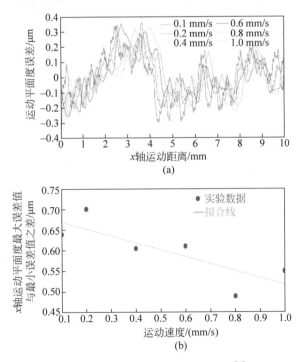

图 3.23　x 轴样品台的运动平面度[5]

(a) 不同速度下的运动平面度;(b) 不同速度下运动平面度的最大误差值与最小误差值的差值

通过 x-y 步进运动台测试了固定运动速度下的二维平面度。与图 3.23 结果相似,测试过程中,x 轴步进运动台首先沿着 x 方向从 0 mm 运动到 10 mm 位置,而 y 轴位置固定。随后 y 轴步进运动台向前移动 100 μm,而 x 轴步进运动台再

沿 x 方向从 10 mm 移到 0 mm。重复测试不同 y 轴位置时,沿 x 轴从 0 mm 移到 10 mm,测试任意 (x,y) 位置的运动平面度。最后,得到 x-y 平面的运动平面度分布图。

二维样品台运动平面度测试的实验结果如图 3.24 所示[5],采样频率为 100 Hz,样品台的运动速度为 0.1 mm/s,总测试面积为 10 mm×9.4 mm。x-y 平面运动平面度的映射分布如图 3.24(a) 所示。在不同 y 轴运动距离下,x 轴运动平面度最大与最小的差值如图 3.24(b) 所示。由图可得其中的差值为 1.3 μm。需要提及的是,运动过程中由机械设计缺陷及爬坡效应等导致的运动平面度误差难以避免。若采用先进的抛光技术及空气轴承电机,可大大减小运动平面度的误差。

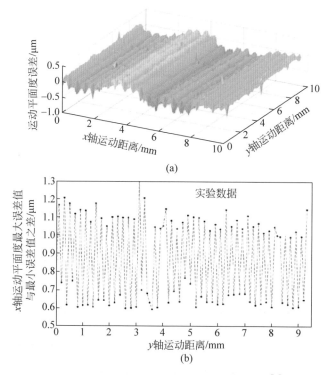

图 3.24 二维样品台运动平面度的测试结果[5]

(a) x-y 平面运动平面度分布图;(b) 在不同 y 轴运动距离下 x 轴运动平面度最大误差值与最小误差值的差值

3.5 极坐标系统图形发生器

在激光直写中,通常的图形文件格式是基于 (x,y) 型笛卡儿坐标系构建的。为了在 (r,θ) 极坐标系统上实现任意图形刻写,图形数据需要转变成位图。笛卡儿坐标系中位图的像素点位置通过一系列算法转换到极坐标系(r, θ)中,如图 3.25 所示[6]。在笛卡儿坐标系中,图像排列成矩阵,各行数据依次存储,极坐标系中,相同半径的数据存储在同一行中,因此数据通过公式重新对准,如图 3.25(a) 所示。首先设置圆心坐标,确定半径范围、r 方向和 θ 方向的分辨率,随后计算已知极坐标系中各像素的笛卡儿坐标。由于坐标系四个象限的对称性,为了提高效率,只需计算第一象限,根据对称性就可以直接推算出其他象限的数据,获取的数据通过压缩算法依次存储。例如,图 3.25(b) 是在笛卡儿坐标系中一只动物的卡通图,经过极坐标数据转换后得到的图像如图 3.25(c) 所示。将图像数据从笛卡儿坐标转换为极坐标后,就可以通过激光旋转光刻系统采用螺旋扫描模式,即刻写光斑沿径向从内圆向外圆连续运动而样品台沿 θ 方向旋转,来制备任意图形。

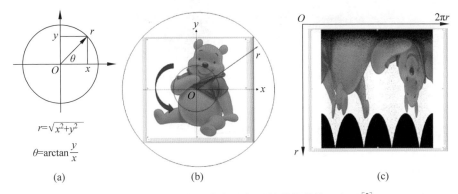

图 3.25　笛卡儿坐标系与极坐标系的数据转换示意图[6]

(a) 转换公式；(b) 转换过程,提取相同半径的数据；(c) 转换的数据,相同半径的数据在同排

极坐标系中任意图形的激光直写流程如图 3.26 所示[6],主要包括以下三个步骤:

(1) 首先将笛卡儿坐标系(x, y)原始数据转换成极坐标系(r, θ)数据,将转换的数据以 TCP/IP 协议形式传送到光刻系统的中央控制器。同时,计算机将径向(r)和角速度(θ)的参数基于 TCP/IP 协议传送到电机控制单元。

(2) 电机控制单元将数据发送到电机驱动器,用以控制线性电机和旋转电机的运动速率,同时电机控制器将直线光栅编码器和圆光栅编码器发送的信号分别转变成径向(r)和角速度(θ)当前的位置数据,再以极短的时间(约 10 ns)传递到中央控制器。

(3) 中央控制器在接收来自电机控制单元的径向(r)和角速度(θ)位置数据,以及计算机发送转换的极坐标图形数据之后,迅速计算并匹配当前位置的数据,电机一运动到特定位置,主控制器就发送相应的数据脉冲到激光器,从而在样品上进行数据刻写。

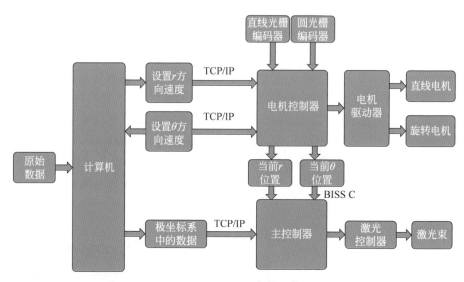

图 3.26　旋转型激光直写系统的操作流程[6]

3.6　任意图形刻写的实验结果

利用高速旋转型激光热敏光刻系统可刻写任意图形。刻写图形前,需要测试曝光光斑形貌。曝光光斑的 CCD 图像如图 3.27 所示[3],可发现原始光斑为圆形光斑,其尺寸约为 520 nm。

利用高速旋转型激光直写系统可进行激光热敏曝光,其热敏光刻胶材料采用 Sb_2Te_3 薄膜[7]。Sb_2Te_3 薄膜通过磁控溅射方法直接沉积到玻璃基片上,样品的最大尺寸可达 120 mm,满足大面积光刻的要求且无需图形拼接。在圆形样品的中

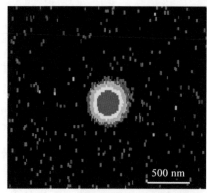

图 3.27　曝光光斑的 CCD 图像[3]

间矩形区域制备了所需图形[6]。图 3.28(a)是在直径为 30 mm 的样品上刻写的真实图形形貌。可以看出矩形区域形状规整、轮廓分明,表明极坐标(r,θ)运动能制备任意结构。在矩形区域可制备不同图形,图 3.28(b)为电路图,其中内插图为原始图形,可发现制备的电路图形与原始图形完全一致,图形规则且清晰;如图 3.28(c)所示为同心圆结构,与原图完全一样;图 3.28(d)为均匀的线条图形;图 3.28(e)是不同线宽的线条

图形,最小线宽为 2 μm;最小线宽可进一步降低到(700±70)nm,正如图 3.28(f)中的内插图所示,由图可看出刻度线笔直且线宽达到 0.7 μm,这表明高速旋转型极坐标光刻系统的精度满足 0.7 μm 特征线宽要求。采用更加先进的空气轴承旋转和线性电机可进一步提高光刻精度。利用高速旋转型激光热敏光刻系统也可在样品上制备任意复杂图形,如图 3.29 所示,刻写的图案与原图非常相似。

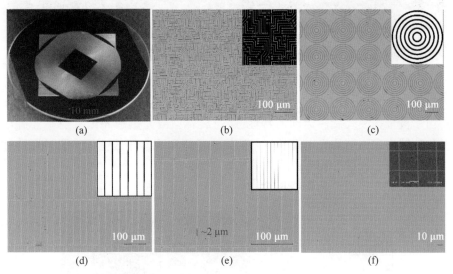

图 3.28　利用高速旋转型激光热敏光刻系统制备的任意几何图形[6]

(a) 刻写样品的真实图形形貌;(b) 电路图;(c) 同心圆;(d) 均匀线条;

(e) 不同线宽的线条;(f) 网格图

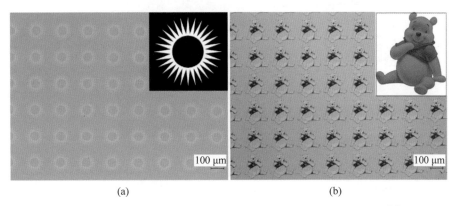

图 3.29　利用高速旋转型激光热敏光刻系统制备的复杂任意图形[6]

(a) 太阳;(b) 卡通熊;(c) 徽章;(d) 卡通狗

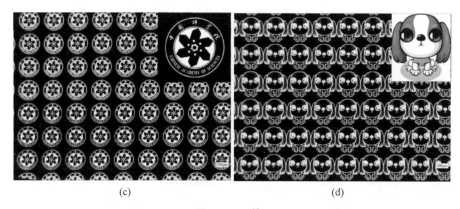

(c)   (d)

图 3.29 （续）

由于极坐标模式旋转运动的特性,高速旋转型激光热敏光刻系统非常适合制备对称的圆形微纳结构光电元件,如光盘、光子筛和菲涅耳透镜等。圆形旋转对称微纳结构光电子元件的制备流程如图 3.30 所示[3]。

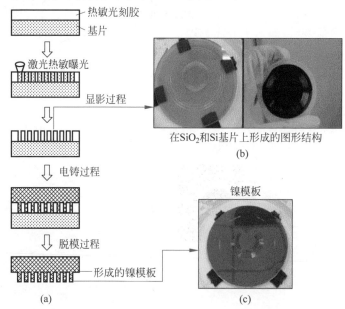

图 3.30　基于圆形旋转对称的微纳结构光电元件的制备流程[3]

(a) 在基片上沉积无机热敏光刻胶并曝光；(b) 显影；(c) 图形结构转移到镍模板

（1）通过物理气相沉积方法在基片上沉积热敏光刻胶。

（2）通过高速旋转型激光热敏光刻系统进行热敏曝光。热敏曝光时,需调制激光束强度以控制激光束强度分布,包括曝光强度、激光作用时间、延迟时间等,如图 3.30(a)所示。

（3）基于无机热敏光刻胶的曝光区与非曝光区之间的选择湿刻特性进行显影，在石英玻璃或硅基片上得到具有纳米结构的光刻模板，如图 3.30(b)所示。

（4）电铸与镍模板成型，通过电铸方法，将热敏光刻胶上的结构转移到镍模板上，如图 3.30(c)所示。

图 3.31(a)给出了电铸模板的实物图，以及上面的孔状微纳结构，其最小孔的尺寸为 180 nm，远小于光斑尺寸 520 nm[3]。通过改变曝光时间、激光功率、样品运动速率可进一步调节图形特征尺寸和形状。另外，与传统有机光刻胶相比，无机热敏光刻胶上的图形在电铸后具有更低的表面粗糙度（<2 nm）。

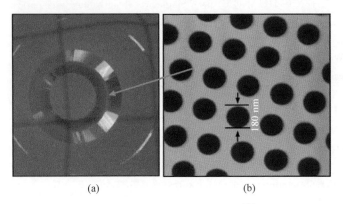

(a)　　　　　　　　　(b)

图 3.31　图形结构的电铸转移[3]

(a)电铸模板的实物图；(b)电铸模板上孔状结构的 AFM 图像

3.7　本章小结

高速旋转型激光热敏光刻系统一般采用 GaN 激光器作为曝光光源，高数值孔径的物镜作为聚焦透镜。曝光光斑尺寸为 0.5～1 μm，曝光速率达到米每秒量级或 100 mm²/min，样品尺寸超过 5 英寸。为了满足光刻图形的均匀性指标，光刻系统需具备高速伺服跟踪和高速的数据处理和传输等功能。高速旋转型激光热敏光刻系统适合旋转制备对称的圆形微纳结构光学元件。同时，基于笛卡儿坐标系到极坐标系的数据转换软件，可快速制备任意图形结构。高速旋转型激光热敏光刻系统可提供低成本、高效率的功能性微纳结构的制备方案，在不同应用领域具有很好的应用潜力，如纳米光子学器件等。

参考文献

[1] WEI J,ZHANG K,WEI T,et al. High-speed maskless nanolithography with visible light based on photothermal localization[J]. Sci. Rep. ,2017,7：43892.

[2] WU H W,LI M C,YANG C T,et al. Organic thermal mode photoresists for applications in nanolithography[J]. Supplemental Proceedings：Materials Processing and Interfaces,2012, 1：663-668.

[3] YANG C,CHEN C,HUANG C,et al. Single wavelength blue-laser optical head-like opto-mechanical system for turntable thermal mode lithography and stamper fabrication[J]. IEEE Transactions on Magnetics,2011,47(3)：701-705.

[4] BAI Z,WEI J. Focusing error detection based on astigmatic method with a double cylindrical lens group[J]. Opt. Laser Technol. ,2018,106：145-151.

[5] LIANG X,BAI Z,WEI J. Movement flatness error measurement based on an astigmatic method[J]. Appl. Opt. ,2017,56：4347-4352.

[6] BAI Z,WEI J,LIANG X,et al. High-speed laser writing of arbitrary patterns in polar coordinate system[J]. Rev. Sci. Instruments,2016,87：125118.

[7] WANG R，WEI J，FAN Y. Chalcogenide phase-change thin films used as grayscale photolithography materials[J]. Opt. Express,2014,22(5)：4973-4984.

第 ④ 章

激光热敏光刻中的热扩散调控

4.1 引言

　　激光热敏光刻中,光刻胶薄膜吸收激光能量并被加热,当温度超过某一阈值时,其结构会发生变化,如结晶、熔融或直接汽化等。一般来说,由于温度梯度的作用,热从高温区扩散至低温区,受光刻胶薄膜的热扩散作用,受热区域会从光斑中心向外扩展,热曝光区也随之变大。因此,人们需要对热扩散过程进行管控,从而减小热曝光区的特征尺寸,实现小于激光光斑的亚波长尺度甚至纳米尺度的光刻特征线宽。

4.2 激光热敏光刻中的热扩散效应

　　激光热敏光刻中,一束准直的激光束聚焦在热敏光刻胶薄膜材料上,激光光斑的强度呈现典型的高斯分布(图 4.1(a)),其中热敏光刻胶薄膜吸收激光能量并被加热。在激光光斑的聚焦深度(DOF)范围内,激光辐射区可近似认为是圆柱体。光斑焦深可通过公式 $DOF = \lambda/NA^2$ 计算得到,其中 λ 是激光波长,NA 为透镜的数值孔径。例如,激光热敏光刻系统的波长 λ 和数值孔径 NA 分别为 405 nm 和 0.85 nm 时,则计算得到的焦深约为 600 nm。目前大多数热敏光刻胶的吸收系数 α 为 $10^7/m$,激光光斑穿透深度 L 约为 100 nm($L = 1/\alpha$)。因此,当光刻胶厚度为 100 nm 时,可认为在热敏光刻胶上形成了一个类似圆柱体的激光加热区,加热区的温度分布与激光光斑强度相似。

对于热敏光刻胶薄膜,存在明显的热诱导相变阈值效应,当温度高于阈值温度时,会产生结构转变(也称为相变)。因此,由于光斑强度的高斯分布,在光斑中心产生一个低于激光光斑的相变区域。在酸性或碱性溶液中,相变区可进一步刻蚀成图案结构。

激光热敏光刻的优点在于获得的图案结构特征尺寸小于激光光斑,可达到亚微米甚至纳米尺度。然而,实际操作中影响特征尺寸的因素较多,除了相变阈值效应,特征尺寸还受热敏光刻胶材料的热物理特性、薄膜厚度、刻写速率等因素影响,这些因素的实质是热扩散。当受热区的温度高于其环境温度时,会发生热扩散。热扩散主要沿水平和垂直方向,如图 4.1(b)所示。在垂直方向上,热扩散与热敏光刻胶薄膜垂直,称为面外热扩散通道。热扩散的能力可以被标记为 $D_{\perp}$。面外热扩散通道可分为向上和向下两部分。无论是加热区还是相变区,面外热扩散通道不会改变温度分布,因此热扩散有助于获得亚微米乃至纳米级的图案结构。

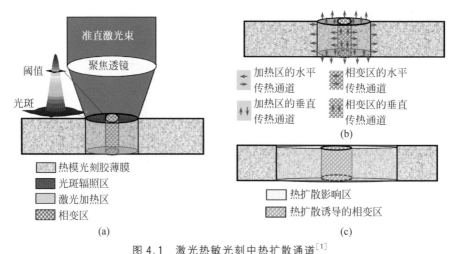

图 4.1　激光热敏光刻中热扩散通道[1]

(a) 热敏光刻原理；(b) 热扩散通道；(c) 热扩散导致的加热区和相变区扩大

水平方向上,热扩散垂直于圆柱体加热区的侧面,向外扩散至未加热区,即面内热扩散通道。热扩散的能力被标记为 $D_{/\!/}$。面内热扩散通道会引起温度分布区变宽,加热区的尺寸增大,热扩散影响区的范围增加,其尺寸可通过公式 $d=Dt$ 评估,其中 t 是热扩散时间,如图 4.1(c)所示。同时,光斑中心的相变区也随之变大,即热扩散会导致相变区域的扩展和范围增大。相变区尺寸的增大意味着图案结构的特征尺寸会变大,因此,平面内的热扩散通道不利于获得亚微米或纳米尺度的图形结构。除了平面内的热扩散通道,热扩散时间也是影响相变区大小的因素之一,长时间的热扩散会增加热扩散距离。因此,为获得较小的图形特征尺寸,需要给出有效的平面内热扩散通道和热扩散时间的调控方法。

4.3　改变热敏光刻胶的热物特性调控热扩散通道

4.3.1　热扩散系数

激光热敏光刻中,不同的光刻胶材料可得到不同特征尺寸的纳米图形结构,如 $Ge_2Sb_2Te_5^{[2]}$、$AgInSbTe(AIST)^{[3]}$、$TeO_x^{[4]}$、铜腙络合物(CuL_2)$^{[5]}$和有机热敏光刻胶$^{[6]}$等。然而,不同材料的热性能存在较大差异,可能导致不同的热扩散通道,进而影响图案线宽。在此基础上模拟了各种热敏光刻胶的热场和温度分布。模拟的参数如下:激光光斑半径 w_0 为 $0.3~\mu m$,刻写速率 v 始终保持 $4~m/s$,相应的辐射时间 $t=w_0/v$ 为 $75~ns$,热敏抗蚀薄膜的厚度为 $50~nm$。不同热敏光刻胶的光学和热学参数见表 4.1,包括折射率 n、消光系数 k、热容 C_p、导热系数 K、阈值温度 T_c 和密度 ρ。热扩散系数可通过公式 $D=K/(\rho C_p)$ 计算得到。

表 4.1　热敏光刻胶材料的光热性能

热敏光刻胶	C_p	K	ρ	n	k	D	T_c
	J/(kg・K)	W/(m・K)	kg/m³			$10^{-6}~m^2/s$	℃
AIST[7]	228.33	1.7	6000	2.03	2.46	1.24	200
$Ge_2Sb_2Te_5$[8-9]	210	0.58	6150	4.39	3.53	0.45	160
CuL_2[5]	1200	0.14	1200	1.95	0.27	0.097	300
AZ5214E[8]	4200	0.24	1000	1.63	0.015	0.057	110
Si[10]	704.16	156	2329	5.1	0.16	95.12	—

采用表 4.1 的参数模拟 AIST 薄膜、$Ge_2Sb_2Te_5$ 薄膜、CuL_2 薄膜和 AZ5214E 薄膜等热敏光刻胶的温度分布,结果如图 4.2(a)所示。其峰值温度大于相应的阈值时,加热区的热敏光刻胶会发生结构变化,显影后就能得到图形微纳。为了比较不同的热斑尺寸,图 4.2(b)给出了归一化温度分布。值得注意的是,归一化温度分布的半高宽(FWHM)定义为热斑尺寸。从中可以看出 AIST 薄膜的热斑尺寸高达 448 nm,而 $Ge_2Sb_2Te_5$ 薄膜的热斑尺寸为 428 nm,CuL_2 薄膜的热斑尺寸为 396 nm。对于 AZ5214E 热敏光刻胶,热斑尺寸是最低的,为 386 nm。结合表 4.1 进行分析比较,可以发现热敏光刻胶的热斑尺寸与热扩散系数密切相关,其热斑尺寸随热扩散系数降低而下降。AZ5214E 热敏光刻胶的热扩散系数最小,因此热斑尺寸在这四种热敏光刻胶中最小。

激光加热过程中,激光功率会影响热敏光刻胶的温度分布。以 AZ5214E 为例,

71

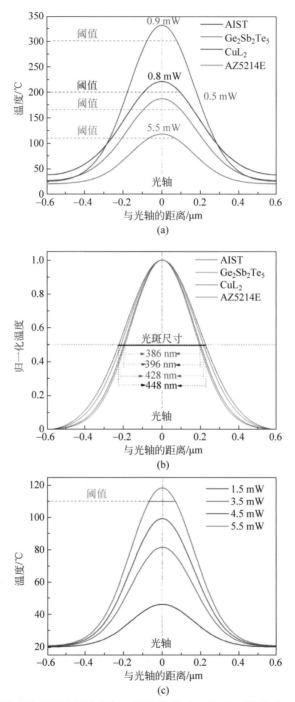

图 4.2　不同功率激光作用下的温度分布。AIST 薄膜、$Ge_2Sb_2Te_5$ 薄膜、CuL_2 薄膜和 AZ5214E
　　　薄膜分别在 0.5 mW、0.8 mW、0.9 mW、5.5 mW 激光作用下的温度分布(a)和归一化温度分
　　　布(b)。AZ5214E 薄膜在不同激光功率作用下的温度分布(c)和归一化温度分布(d)

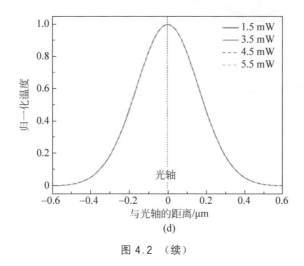

(d)

图 4.2　(续)

模拟的温度分布如图 4.2(c)所示。由图可看出峰值温度随激光功率增加,当激光功率小于 5.5 mW,其峰值功率不能达到 AZ214E 的阈值温度(110℃)。为了在该薄膜上进行热敏光刻,需要增加激光功率到 5.5 mW 以上,其结构才能发生变化,得到微纳图形。图 4.2(d)是归一化温度分布,可以看出不同激光功率下的归一化温度分布基本一致,这是由于低的扩散系数引起的热扩散变化也较小,激光功率对温度分布的影响可以忽略。

　　由于热扩散系数较低,在 CuL_2 薄膜上能较为容易地制备出具有纳米级尺度特征尺寸的凸型图案,如图 4.3 所示为实验结果[5]。通过调节激光能量,图形的特征尺寸可以在 31 nm 到 90 nm 之间调节变化。也可以看出,通过调节热敏光刻胶的热扩散系数和激光曝光的能量,图形的特征尺寸就能减小。

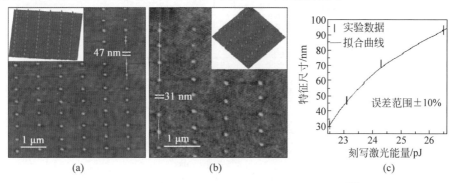

图 4.3　CuL_2 薄膜上形成的凸包结构的 AFM 分析[5]

(a) 特征尺寸约为 47 nm 的点阵图; (b) 特征尺寸约为 31 nm 的点阵图; (c) 特征尺寸与激光能量的依赖关系

4.3.2 薄膜厚度

激光热敏光刻中,热扩散是实现小特征尺寸的关键。热敏光刻胶的厚度也是影响面内热扩散和面外热扩散的重要因素之一。为了理解热敏光刻胶厚度对热斑尺寸的影响,需要分析不同厚度热敏光刻胶的温度分布。选用 AIST 薄膜作为热敏光刻胶,激光波长为 405 nm,透镜的数值孔径 NA 为 0.85,激光功率为 0.8 mW,刻写速率为 4 m/s,计算得到的不同厚度的温度分布如图 4.4(a)所示。由图可得,随着 AIST 厚度从 10 nm 增加至 50 nm,峰值温度随之增加,这是由于当 AIST 厚度增加时,激光能量的吸收增加,导致峰值温度升高;进一步将 AIST 薄膜厚度从 50 nm 增加到 110 nm,峰值温度逐渐降低,这是因为随 AIST 厚度的

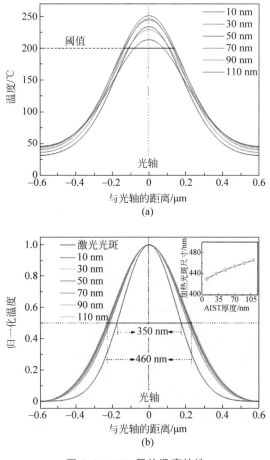

图 4.4 AIST 层的温度特性

(a) 温度分布；(b) 温度的归一化分布。三维分布特性：(c) 沿厚度方向的温度场；(d) 沿 AIST 层面内的温度场

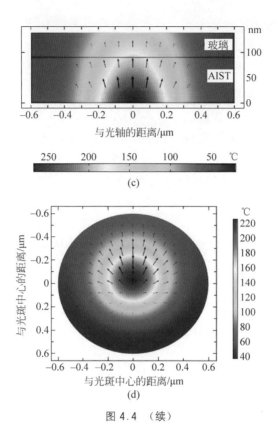

图 4.4　（续）

增加,其热扩散增大,导致峰值温度降低。此外,峰值温度在不同厚度下都高于阈值温度($T_c = 200℃$)[7],表明在所设置的参数下,均可进行激光热敏曝光,得到微纳结构图形。

图 4.4(b)给出了 AIST 薄膜的归一化温度分布,从图中可以看出激光光斑本身的尺寸为 350 nm。热斑尺寸随着 AIST 厚度的增加而增大,这可能是由于面内热扩散与面外热扩散两者竞争导致的结果。$\eta_{D_\parallel/D_\perp}$ 定义为面内热扩散 $D_\parallel$ 与面外热扩散 $D_\perp$ 之比,计算表明,随着 AIST 厚度的增加,面内热扩散比面外热扩散更为剧烈。原因在于 AIST 厚度越大,热扩散时间越长,较长的热扩散时间尽管增加了面外热扩散长度,但面内热扩散长度也随之增加,导致热斑尺寸增加,最高的热斑尺寸可达 460 nm。因此,减小 AIST 厚度有利于减小面内热扩散距离和热斑尺寸。

为了理解热扩散,AIST 薄膜在厚度和径向上的热场分布分别如图 4.4(c)和(d)所示。由图 4.4(c)可得,热流沿厚度方向扩散,用黑色箭头表示。同时,随着 AIST 厚度增加,热流也沿径向流动,温度逐渐降低,如图 4.4(d)所示,这将导致剖面温度变平缓,图案的线宽增大。因此在激光热敏光刻中,人们可以抑制平面(径向)热扩散的影响,达到最小的图形线宽。

4.4 通过热传导层调控热扩散通道

为了减小平面内的热扩散,提高图形分辨率,可采用铝或硅薄膜等导热层,将导热层插入基片和热敏光刻胶层之间或直接将导热层沉积在热敏光刻胶上。然而,导热层对热斑尺寸的影响尚不清楚,需要计算热敏光刻胶薄膜的温度分布,分析热斑尺寸与导热层厚度的关系。Si 薄膜具有较高的导热系数,其数值高达 156 W/(m·K),可以选用 Si 薄膜作为导热层,采用 50 nm 的 AIST 薄膜作为热敏光刻胶,来分析导热层对热斑尺寸的影响,其他热参数见表 4.1。

4.4.1 下 Si 层对热斑的影响

Si 薄膜作为导热层,将其插入 AIST 热敏层和玻璃基片之间,由于该 Si 层位于 AIST 薄膜的下面,称该 Si 薄膜为下 Si 层,图 4.5 给出了样品结构示意图。不同 Si 层厚度下 AIST 薄膜的温度分布如图 4.5(a)所示。在图中,激光功率固定在 0.8 mW,刻写速率为 4 m/s。为了便于比较,无 Si 导热层时 AIST 薄膜的温度分布也给出了。结果表明,在不添加 Si 导热层薄膜的情况下,其峰值温度高于 AIST 薄膜的阈值温度。然而,在加入 Si 导热层后,随着 Si 薄膜厚度的增加,峰值温度降低,且低于阈值温度,这是由于 Si 导热层带走 AIST 薄膜的热量,导致 AIST 薄膜的温度随之降低,低于热曝光阈值温度。

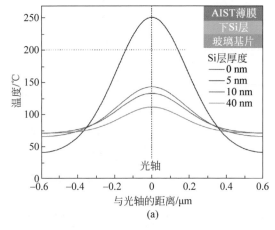

图 4.5 AIST 层的温度分布(厚度为 50 nm,刻写速率为 4 m/s,刻写功率为 0.8 mW)。不同厚度的 Si 导热层下的温度分布(a)和归一化温度分布(b);在 Si 导热层厚度为 20 nm 时,不同激光功率下的温度分布(c)和归一化温度分布(d)

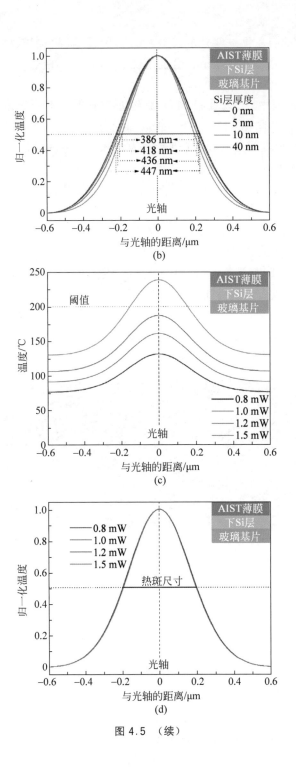

图 4.5 （续）

AIST 薄膜的归一化温度分布如图 4.5(b)所示，随着 Si 导热层厚度的增加，热斑尺寸由 447 nm 减小至 386 nm，也就是说 Si 导热层可使热斑尺寸减小 13.6%，进而使图形线宽减小。

激光热敏光刻中，可以通过调节激光功率来获得不同尺度的热阈值区域。图 4.5(c)给出了不同激光功率下 AIST 薄膜的温度分布，AIST 薄膜厚度为 50 nm，Si 导热层厚度为 20 nm，刻写速率为 4 m/s。由图可以看出 AIST 薄膜的峰值温度随着激光功率增大而增大。当激光功率大于 1.5 mW 时，峰值温度达到 AIST 薄膜的阈值温度，可进行热敏光刻，得到相应的微纳结构。归一化温度分布（图 4.5(d)）表明激光功率对热斑尺寸没有明显影响。

为了在实验上证实 Si 导热层能有效减小激光热敏光刻或烧蚀图形的特征尺寸，图 4.6 给出了实验结果。在图中，试样的膜层结构分别为"AIST 薄膜/玻璃基片"和"AIST 薄膜/Si 导热层/玻璃基片"[11]。图 4.6(a)是在"AIST 薄膜/玻璃基片"试样上得到的激光热敏烧蚀实验结果，烧蚀孔尺寸约为 500 nm。图 4.6(b)是在"AIST 薄膜/Si 导热层/玻璃基片"试样上得到的激光热敏烧蚀实验结果，烧蚀孔尺寸约为 70 nm，明显小于无 Si 导热层试样的烧蚀孔。因此，增加 Si 导热层是减小热斑尺寸、得到小特征线宽的有效途径之一。

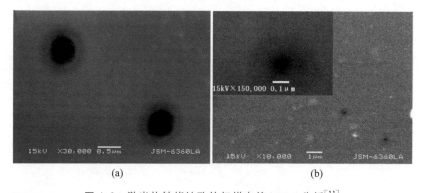

图 4.6　激光热敏烧蚀孔的扫描电镜（SEM）分析[11]

(a) "AIST 薄膜/玻璃基片"试样；(b) "AIST 薄膜/Si 导热层/玻璃基片"试样，插图是单烧蚀孔的放大图

为了进一步理解 Si 导热层对热斑尺寸的影响，图 4.7(a)给出了 AIST 薄膜上的温度场分布。作为对比，图 4.7(b)给出了无 Si 导热层时 AIST 薄膜上的温度场分布，在图中，热流沿径向和厚度方向流动用黑色箭头表示。通过对比图 4.7(a)和(b)可以发现，Si 导热层可有效增强 AIST 薄膜中热流沿厚度方向扩散，抑制径向方向流动，从而减小热斑尺寸。

Si 导热层厚度与热斑尺寸关系如图 4.7(c)所示，随着 Si 导热层厚度的增加，热斑尺寸减小。由于 Si 薄膜的导热系数高，可有效增强 AIST 薄膜中的面外热扩散能力,抑制面内热扩散。Si 导热层厚度越大,面外热扩散能力越强。当 Si 导热层厚度为 20 nm 时,热斑尺寸的减小幅度最大。因此,在基片和热敏光刻胶等之间插入导热层是减小热斑尺寸的有效方法之一。

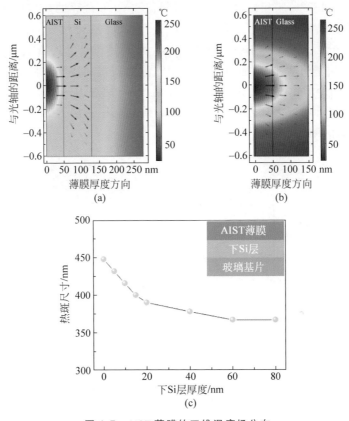

图 4.7　AIST 薄膜的三维温度场分布

(a) 具有 Si 导热层;(b) 无 Si 导热层(黑色箭头表示热流方向);(c) AIST 薄膜上的热斑尺寸与 Si 导热层厚度的关系

4.4.2　上 Si 层对热斑的影响

Si 薄膜作为导热层,也可以直接沉积在 AIST 薄膜表面,称为上 Si 层。图 4.8 给出了上 Si 层对 AIST 薄膜的温度场分布的影响。图 4.8(a)为不同激光功率下 AIST 薄膜温度分布,插图是样品的膜层结构示意图。AIST 薄膜和上 Si 层的厚度分别为 50 nm 和 40 nm,刻写速率是 4 m/s。由图可得,在没有 Si 导热层的情况下,在功率为 0.8 mW 的激光曝光下,其峰值温度可以超过 AIST 薄膜的阈值温度。但沉积上 Si 层后峰值温度明显低于 AIST 的阈值温度,无法进行激光热敏曝光和形成微纳结构。然而,人们可以通过增加激光功率来提高峰值温度,当激光功率大于 1.8 mW 时,峰值温度可达到 AIST 薄膜的阈值温度,实现激光热敏曝光,从而形成微纳结构。

进一步对图 4.8(a)的温度分布进行归一化处理分析(图 4.8(b)),人们能够发现,与单层的 AIST 薄膜相比,增加上 Si 层可使 AIST 薄膜的热斑尺寸从 456 nm 减小到 400 nm。随着激光功率增加到 2.2 mW,热斑尺寸可进一步减小到 360 nm。换言之,增加上 Si 层是减小 AIST 薄膜热斑尺寸的有效方法之一。此外,随着激光功率的增加,其样品表面的空气流动使得 AIST 薄膜温差增大,这也使得上 Si 层的冷却速率随激光功率的增加而增加,促进了 AIST 薄膜的面外热扩散,防止热斑尺寸的增大。因此,在 AIST 薄膜上沉积一层上 Si 层并增加激光功率,可有效减小 AIST 薄膜中的热斑尺寸。

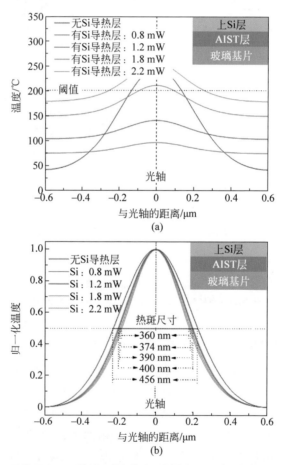

图 4.8   在"Si 导热层/AIST 薄膜/玻璃基片"试样中,不同功率激光作用下 AIST 薄膜的温度分布(AIST 薄膜厚度为 50 nm,刻写速率为 4 m/s)

(a) 温度分布;(b) 归一化温度分布;(c)沿厚度方向温度场的三维分布;(d) 具有上 Si 层;(e) 没有上 Si 层

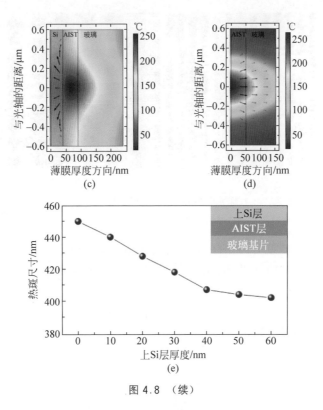

图 4.8　（续）

无 Si 导热层时的温度场分布如图 4.8(c)所示,可以看出面内热扩散严重,且大部分热流沿径向流动。图 4.8(d)是具有上 Si 层的 AIST 薄膜的温度场分布,与图 4.8(c)相比,上 Si 层可带走 AIST 薄膜的热量,使 AIST 薄膜在平面内的热扩散达到最小,热斑尺寸随之减小。AIST 薄膜的热斑尺寸还与上 Si 层的厚度有关,如图 4.8(e)所示,随着 Si 导热层厚度的增加,热斑尺寸逐渐减小。热斑尺寸的减小可能是由于 Si 导热层具有较高的导热系数,有效促进面外热扩散,抑制了面内热扩散。且 Si 导热层厚度越大,从 AIST 薄膜中带走的热量越多。

为了对上 Si 层薄膜减小图案的特征尺寸的功效进行验证,在此制备了两种样品,分别是"玻璃基片/AIST 薄膜层(100 nm)"和"玻璃基片/AIST 薄膜层(100 nm)/上 Si 层(20 nm)"。采用激光热敏曝光制作了阵列图形,实验结果如图 4.9 和图 4.10所示。图 4.9 是"玻璃基片/AIST 薄膜层(100 nm)"样品在优化曝光工艺后得到的实验结果,图 4.9(b)是图(a)放大后的图像。由图可以看出,图形为激光烧蚀的孔状结构。孔状结构的形成主要是 AIST 薄膜吸收激光能量后被加热,当 AIST薄膜的温度超过熔点(约为 500℃)时,熔融的烧蚀孔状结构形成。孔状结构的尺寸约为 400 nm,该尺寸小于聚焦光斑的尺寸(约 660 nm),这是由于 AIST 薄膜的熔化烧蚀也有阈值效应,该阈值效应可使烧蚀孔尺寸减小。

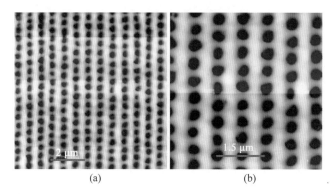

图 4.9　在"玻璃基片/AIST 薄膜层(100 nm)"试样上形成孔状点阵图形的 AFM 分析[10]

(a) 大面积的孔状点阵；(b) 放大图

　　图 4.10 是"玻璃基片/AIST 薄膜层(100 nm)/上 Si 层(20 nm)"样品在优化曝光工艺后得到的实验结果,图 4.10(b)是图(a)的放大图。可以看出,试样表面形成均匀的孔状结构。图 4.10(b)中标记灰线的截面曲线如图 4.10(c)所示。孔状结构尺寸约 100 nm,深度约 100 nm,尺寸明显小于 660 nm 的聚焦光斑尺寸和图 4.9 中的孔结构尺寸,这表明增加上 Si 层薄膜可有效减小热斑尺寸和图形特征尺寸。

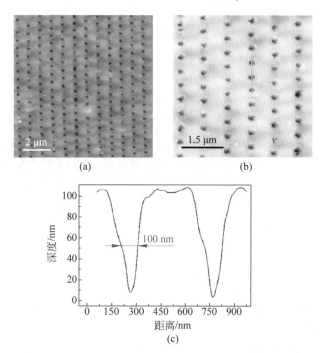

图 4.10　在"玻璃基片/AIST 薄膜层(100 nm)/上 Si 层(20 nm)"试样上形成孔状点阵图形的 AFM 分析[10]

(a) 大面积的孔状点阵；(b) 放大图；(c) 点阵图的截面分布

4.4.3 上 Si 层与下 Si 层共同调控热斑

将上 Si 层与下 Si 层同时加入试样中,可进一步减小热斑尺寸,如图 4.11 所示,插图为样品的膜层结构示意图。为了使峰值温度高于 AIST 的阈值温度,对不同的上 Si 层厚度,采用不同的激光功率曝光,得到的 AIST 热敏光刻胶薄膜的温度分布如图 4.11(a)所示,其中下 Si 层厚度为 20 nm,刻写速率为 4 m/s。相应的归一化温度分布如图 4.11(b)所示,右侧插图是热斑尺寸与上 Si 层厚度的关系,热斑尺寸随上 Si 层厚度从 395 nm 增加至 436 nm,随后,热斑尺寸随着上 Si 层厚度增

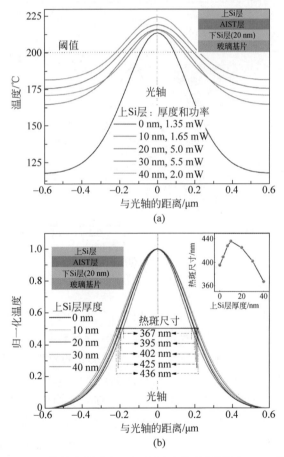

图 4.11 在"上 Si 层/AIST 热敏光刻胶/下 Si 层/玻璃基片"试样中,AIST 层的温度分布特性,
刻写速率为 4 m/s。当固定下 Si 层厚度为 20 nm 时的温度分布(a)和归一化温度分
布(b)(插图是热斑尺寸与上 Si 层厚度的关系);当固定上 Si 层厚度为 40 nm 时的温
度分布(c)和归一化温度分布(d)(插图是热斑尺寸与下 Si 层厚度的关系)

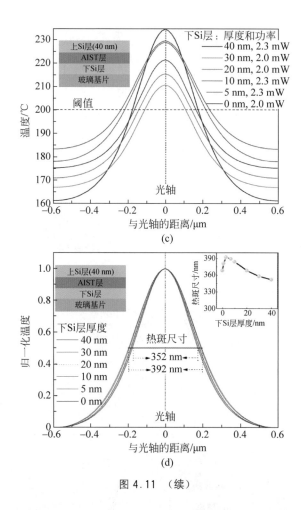

图 4.11 （续）

加从 436 nm 下降到 367 nm。当上 Si 层厚度为 40 nm 时,热斑尺寸最小,为 367 nm,该尺寸小于无上 Si 层薄膜时的 395 nm 的热斑尺寸,降低幅度高达 7%。因此,通过同时加入上 Si 层和下 Si 层,减小热斑尺寸的效果较为明显。

当固定上 Si 层厚度为 40 nm 时,刻写速率是 4 m/s,改变下 Si 层厚度,得到的 AIST 热敏光刻胶薄膜的温度分布如图 4.11(c)所示,插图为样品的膜层结构示意图。为了使峰值温度高于 AIST 的阈值温度,从而形成微纳结构,不同下 Si 层厚度对应不同的刻写激光功率。相应的归一化温度分布如图 4.11(d)所示,其中插图显示了热斑尺寸与下 Si 层厚度的关系。由图可得,随着下 Si 层厚度从 0 nm 增加至 3 nm,热斑尺寸随之增大。进一步将下 Si 层厚度从 3 nm 增加到 40 nm,热斑尺寸逐渐减小,最小热斑尺寸可低至 352 nm,接近激光光斑尺寸(350 nm)。比较图 4.11(d)和 (b)可以看出,无论是采用厚度为 40 nm 的下 Si 层,还是厚度为 40 nm 的上 Si 层,都可完全抑制面内热扩散,促进面外热扩散,从而形成较小的热斑尺寸。

为了在实验方面进一步证实上 Si 层与下 Si 层同时作用可有效减小图形的特征尺寸,制备了"玻璃基片/下 Si 层/AIST 热敏光刻胶层/上 Si 层"样品。采用激光直写法在试样上刻写了纳米尺度的光刻点阵图形,优化后的实验结果如图 4.12 所示。热敏光刻胶受激光脉冲加热产生的热敏光刻烧蚀效应,形成均匀的大面积纳米孔结构。图 4.12(b)为图(a)的放大图,其中绿线标记部分的截面分布如图(c)所示,可以看出孔结构的深度为 20～30 nm,孔结构的尺寸为 50～60 nm,该尺寸小于图 4.6 和图 4.10 所示图形结构。计算模拟和实验结果说明上 Si 层与下 Si 层同时作用可有效减小热斑尺寸和图形特征尺寸。

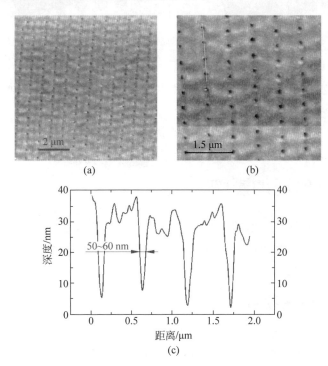

(a)　　　　　　　　　　　(b)

(c)

图 4.12　在"玻璃基片/下 Si 层/AIST 热敏光刻胶层/上 Si 层"试样上形成孔型点阵图形的 AFM 分析[10]
(a) 大面积的孔型点阵;(b) 放大图;(c) 点阵图的截面分布

除用 Si 薄膜作为导热层外,李(Li)等报道了将 Al 薄膜作为导热层,减小 AIST 热敏光刻胶薄膜上微纳结构的特征尺寸[12]。研究小组制备了两种样品结构,分别是"AIST 热敏光刻胶薄膜/Al 导热层/玻璃基片"和"AIST 热敏光刻胶薄膜/玻璃基片"。采用激光直写光刻法得到图形,并经过显影之后,在 AIST 薄膜上可看到光栅图形,如图 4.13 所示。两种试样上光栅图形的线纹都分布均匀,"AIST 热敏光刻胶薄膜/Al 导热层/玻璃基片"样品的光栅线宽为 288 nm,小于

"AIST 热敏光刻胶薄膜/玻璃基片"样品的 363 nm 光栅线宽。换言之，与无 Al 导热层的试样相比，含有 Al 导热层的试样上图形的分辨率提高了 21% 左右。因此，Al 薄膜也可以作为导热层来减小热斑尺寸和图形的特征尺寸。

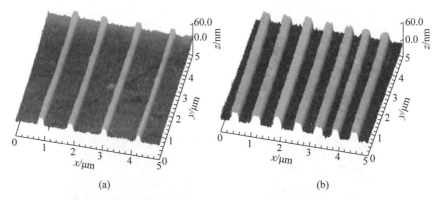

图 4.13　激光热敏光刻得到的光栅图形的 AFM 分析。激光波长为 405 nm，NA＝0.9，激光
　　　　　功率为 3 mW[12]
　(a)"AIST 热敏光刻胶薄膜/Al 导热层/玻璃基片"样品；(b)"AIST 热敏光刻胶薄膜/玻璃基片"样品

4.5　曝光时间的影响

曝光时间是影响热扩散的重要因素之一。一般而言，曝光时间越长，热扩散距离越大；曝光时间越短，图形的特征尺寸会越小。为了获得特征尺寸更小的图形，可以采用高速刻写模式或短脉冲来进行曝光刻写。

4.5.1　高速刻写

通过样品的高速运动来实现高速刻写。样品的高速运动不仅能提高光刻通量，还可以有效减小热斑的大小。如当刻写速率为 4.5 m/s 时，在 ZnS-SiO$_2$ 薄膜上可得到最小直径为 120 nm 的柱状图形[13-14]；当刻写速率达 8 m/s 时，在 AIST 薄膜上得到了线宽为 46 nm 的光栅图形[3]。实际上刻写速率与热斑尺寸的关系可以通过模拟曝光过程中的温度场分布来获得，由热斑尺寸进一步得到图形的特征尺寸。以 AIST 热敏光刻胶薄膜为例，薄膜厚度为 50 nm，激光功率为 0.8 mW。图 4.14(a)给出了不同刻写速率下的温度分布，由图可得，峰值温度随刻写速率的增加而降低，这是由于刻写速率增加，加热时间减少造成的结果。归一化温度分布如图 4.14(b)所示，其内插图为刻写速率与热斑尺寸的关系。通过分析可以发现，当刻写速率从 1 m/s 增加到 35 m/s 时（35 m/s 的刻写速率可通过先进的蓝光光盘驱动器获得),热斑尺寸可以从 455 nm 减小到 395 nm,热斑尺寸降低幅度可达 13.2%,这是由于加热时间缩短,导致面内热扩散距离缩短。此外,高速刻写可以促进样品表面的气体流动,进而带走热量,改善面外热扩散通道,刻写速率越快,气体流动带走的热量越多。因此,高速刻写可有效减小热斑尺寸,得到小特征尺寸的图形结构。

　　尽管提高刻写速率能获得小的热斑尺寸,但高的刻写速率意味着短的曝光时间,这会导致 AIST 热敏光刻胶薄膜的峰值温度降低,甚至低于其相变阈值温度。因此,在实际曝光中需要增加激光功率使峰值温度高于其相变阈值温度,以 AIST 薄膜厚度为 50 nm、刻写速率为 10 m/s 为例,图 4.14(c)给出了不同激光功率下的

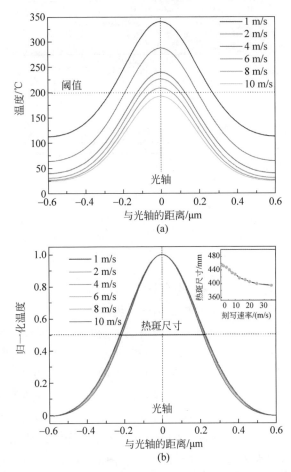

图 4.14　AIST 热敏光刻胶层的温度分布,胶层厚度为 50 nm,激光功率为 0.8 mW

(a) 温度分布;(b) 归一化温度分布,内插图为热斑尺度与刻写速率的关系。刻写速率为 10 m/s 时,不同激光功率下的温度分布(c)和归一化温度分布(d)

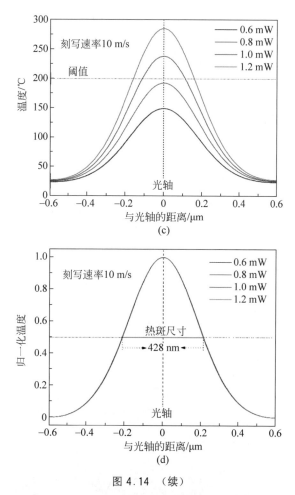

图 4.14 （续）

温度分布。可看到随着激光功率增加，AIST 热敏光刻胶薄膜的峰值温度增加，当激光功率超过 1 mW，峰值温度高于其阈值温度，在 AIST 热敏光刻胶薄膜上可得到图形。图 4.14(d)给出了归一化温度分布，可以发现归一化温度分布与激光功率无关，其热斑尺寸为 428 nm，也不随激光功率的变化而变化。

采用不同的刻写速率可以在 AIST 热敏光刻胶薄膜上得到不同特征尺寸的光栅图形。图 4.15 给出了刻写速率为 8 m/s 的实验结果[3]，激光刻写系统的实际光斑尺寸约 600 nm，得到的光栅图形的深度约 37 nm，光栅结构的全宽约 100 nm。半高宽(46±5)nm，仅为激光刻写光斑的 1/12。图 4.16 给出了刻写速率为 200 μm/s 的实验结果[15]，通过调节激光功率分别为 2.6 mW、3.0 mW 和 9.0 mW，得到的图形线宽分别为 0.43 μm、0.57 μm 和 1.95 μm。图 4.16(d)是图形线宽与激光功率的关系，可以看出线宽随激光功率降低而减小，最小线宽可以减少至 200 nm 左右,但该尺寸大于高速刻写时 100 nm 的图形线宽。因此,从模拟分析和实验结果可以看出高速刻写有利于减小图形的特征尺寸。

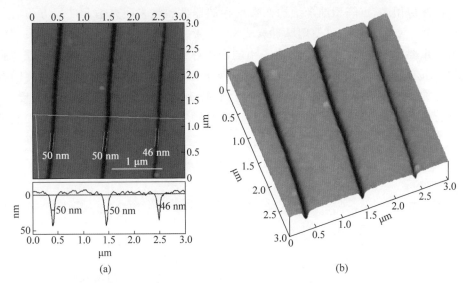

图 4.15 在 AIST 热敏光刻胶薄膜上得到的图形结构的 AFM 图,激光功率为 1.55 mW,刻写速率为 8 m/s[3]

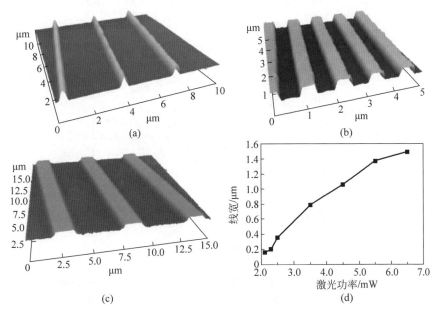

图 4.16 刻写速率为 200 μm/s,在 AIST 热敏光刻胶薄膜上制备的光栅结构的 AFM 图像[15] (a) 激光功率为 2.6 mW,图形线宽为 0.43 μm;(b) 激光功率为 3.0 mW,图形线宽为 0.57 μm;(c) 激光功率为 9.0 mW,图形线宽为 1.95 μm;(d) 线宽与激光功率的关系

4.5.2　短脉冲曝光刻写

实际应用中,点阵型纳米结构在数据存储器件和超表面光学元件等方面有着广泛应用。点阵型结构可使用脉冲激光刻写,激光脉冲宽度对获得小特征尺寸的图形有重要影响。图 4.17(a)给出了不同激光脉冲宽度下 AIST 热敏光刻胶薄膜的温度分布,其中激光功率为 1 mW,刻写速率为 6 m/s。由图可得峰值温度随激光脉宽的增加而增加。当激光脉冲时间大于 18 ns 时,峰值温度高于阈值温度,可以进行热敏曝光,形成微纳结构。图 4.17(b)是归一化温度分布,其中插图为热斑

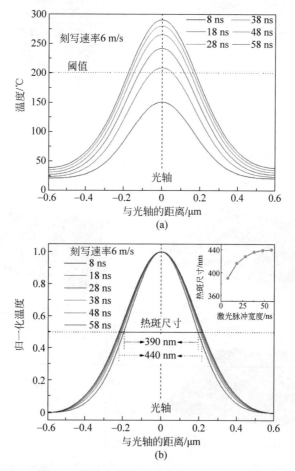

(a)

(b)

图 4.17　厚度为 50 nm 的 AIST 热敏光刻胶层的温度分布,刻写速率为 6 m/s,激光功率为 1 mW。不同激光脉宽下的温度分布(a),归一化温度分布(b),内插图为热斑尺度与脉宽的关系图。激光脉宽为 8 ns、刻写速率为 6 m/s,在不同激光功率下的温度分布(c)和归一化温度分布(d)

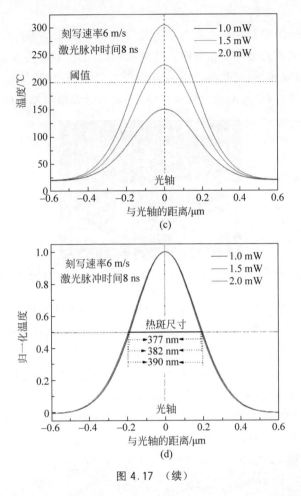

图 4.17　（续）

尺寸与激光脉宽的关系。随着激光脉宽从 58 ns 减少到 8 ns,热斑尺寸从 440 nm
减小到 390 nm,降幅达 11.4%。这表明激光作用时间短,面内热扩散减弱,热斑尺
寸减小。

　　从图 4.17(a)可以看出,当激光脉宽为 8 ns 时,AIST 热敏光刻胶的峰值温度
低于其相变阈值温度,难以进行热敏曝光。如果要进行图形曝光刻写,就需要增加
激光功率。图 4.17(c)为激光脉宽为 8 ns、刻写速率为 6 m/s 时不同激光功率下的
温度分布。可以看出激光功率越大,峰值温度越高,当激光功率达到 1.5 mW 时,
AIST 热敏光刻胶的峰值温度高于阈值温度。图 4.17(d)是归一化温度分布,当激
光功率从 1.0 mW 增加到 2.0 mW,热斑尺寸从 390 nm 减小到 377 nm。这可能
是由于激光功率增加引起温度梯度升高,促进了面外热扩散,导致热斑尺寸减小。
因此,为了获得更小的特征尺寸,既可以增加激光功率,也可以采用减少激光脉宽的方式来实现。

新谷(Shintani)等利用相变光盘初始化仪制备了晶态的 $Ge_2Sb_2Te_5$ 热敏光刻胶薄膜,通过激光波长为 405 nm、物镜数值孔径为 0.65 的相变刻录机使用激光脉冲模式进行热敏曝光,得到非晶态的点阵型图形,然后在碱性溶液中湿法显影后,图形如图 4.18 所示,点阵的最小线宽可达 40 nm,接近曝光光斑尺寸的 1/7。

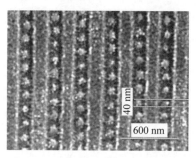

图 4.18　在 $Ge_2Sb_2Te_5$ 热敏光刻胶薄膜上得到的点阵图的 SEM 分析[16]

李(Li)等利用激光直写方法在 AIST 热敏光刻胶薄膜上制备了点阵图形,激光功率为 1.35 mW,刻写速率达 2 m/s,将图形放入碱性溶液中进行湿刻[17]。图 4.19 是采用不同宽度的激光脉冲进行曝光得到的实验结果。由图 4.19(a)～(d)可得,随着脉宽的减小,图形的特征尺寸逐渐减小。值得一提的是,不规则的圆点形状是由于高刻写速率和长的激光脉宽共同影响的结果。图 4.19(e)和(f)是激光脉宽为 2 μs 时得到的图形,由于激光脉宽较大,得到的图形不再是点阵,而是线条式的光栅结构,光栅的周期为 600 nm,线宽为 140 nm,高度为 70 nm。

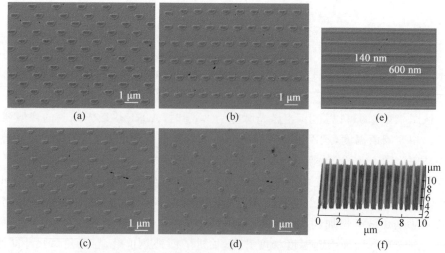

图 4.19　AIST 薄膜上记录点的 SEM 图像。激光脉宽分别为 300 ns(a)、200 ns(b)、150 ns
(c)和 100 ns(d)。激光功率为 1.35 mW,刻写速率为 2 m/s[17]

4.5.3　激光热敏光刻方案的优化

根据导热层和曝光策略对热斑尺寸的影响规律,提出了一种激光热敏光刻的优化方案。样品的膜层结构为"上 Si 层/AIST 热敏光刻胶层/下 Si 层/玻璃基片"。上 Si 层和下 Si 层厚度均为 40 nm,AIST 热敏光刻胶层厚度为 50 nm,激光功率为 2 mW,归一化温度场分布如图 4.20 所示。为了便于比较,给出了归一化的激光光斑强度分布图。图 4.20(a)为连续激光刻写模式下 AIST 热敏光刻胶层的归一化温度分布,刻写速率为 4 m/s,用以刻写线状图形。图 4.20(b)为点阵图形刻写模式下 AIST 薄膜的归一化温度分布,激光脉宽为 8 ns,刻写速率为 6 m/s。可以看出无论是连续光模式还是脉冲光模式,热斑尺寸与激光光斑尺寸非常接近,

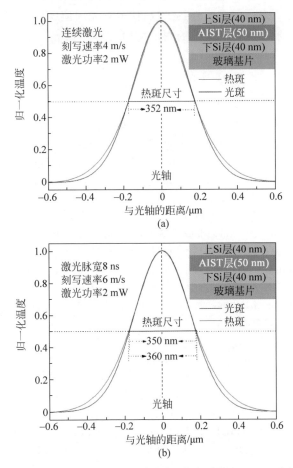

图 4.20　在 AIST 热敏光刻胶薄膜上的归一化温度分布,激光功率为 2 mW,内插图为样品的膜层结构
(a)连续激光模式,刻写速率为 4 m/s;(b)脉冲激光模式,刻写速率为 6 m/s,脉宽为 8 ns

这表明上 Si 层和下 Si 层都可以沿 AIST 热敏光刻胶层的面外热扩散通道方向引导热流。同时，高速刻写中的试样运动可进一步促进上 Si 层的空气流动，加速上 Si 层的冷却，从而进一步增强了面外热扩散，抑制面内热扩散，使得热斑尺寸接近激光光斑尺寸。此外，较短的激光脉宽可减小面内的热扩散距离，这进一步降低热斑尺寸。

4.6　本章小结

在激光热敏曝光光刻中，为了减小光刻的特征尺寸，可以通过减小热敏光刻胶薄膜的厚度、在样品的膜层结构中插入导热层、缩短热曝光时间等途径，一方面抑制面内热扩散，另一方面促进面外热扩散，使得曝光阈值区域的尺寸低于聚焦激光光斑，从而获得纳米尺度特征尺寸的图形结构。

参考文献

[1] WEI T,WEI J,WANG Y,et al. Manipulation and simulations of thermal field profiles in laser heat-mode lithography[J]. J. Appl. Phys. ,2017,122：223107.

[2] DENG C,GENG Y,WU Y,et al. Adhesion effect of interface layers on pattern fabrication with GeSbTe as laser thermal lithography film[J]. Microelectronic Engineering,2013,103：7-11.

[3] WEI J,ZHANG K,WEI T,et al. High-speed maskless nanolithography with visible light based on photothermal localization[J]. Sci. Rep. ,2017,7：43892.

[4] ITO E,KAWAGUCHI Y, TOMIYAMA M, et al. TeO_x-based film for heat-mode inorganic photoresist mastering[J]. Jpn. J. Appl. Phys. ,2005,44 (5B)：3574-3577.

[5] ZHANG K,CHEN Z,WEI J,et al. A study on one-step laser nanopatterning onto copper-hydrazone-complex thin films and its mechanism[J]. Phys. Chem. Chem. Phys. ,2017,19(20)：13272-13280.

[6] USAMI Y,WATANABE T,KANAZAWA Y,et al. 405 nm laser thermal lithography of 40 nm pattern using super resolution organic resist material[J]. Appl. Phys. Express,2009,2(12)：126502.

[7] JIAO X,WEI J, GAN F, et al. Temperature dependence of thermal properties of $Ag_8 In_{14} Sb_{55} Te_{23}$ phase-change memory materials[J]. Appl. Phys. A,2009,94：627-631.

[8] KUWAHARA M,LI J,MIHALCEA C,et al. Thermal lithography for 100-nm dimensions using a nano-heat spot of a visible laser beam[J]. JPN. J. Appl. Phys. ,2002,41 (Part 2)：L1022-L4.

[9] WANG Q,MADDOCK J,ROGERS E,et al. 1. 7 Gbit/in.^{2} gray-scale continuous phase change femtosecond image storage[J]. Appl. Phys. Lett. ,2014,104(12)：121105.

[10]　WEI J,WANG Y, WU Y. Manipulation of heat-diffusion channel in laser thermal lithography[J]. Opt. Express,2014,22：32470-32481.

[11]　JIAO X,WEI J,GAN F. Si underlayer induced nano-ablation in AgInSbTe thin films[J]. Chin. Phys. Lett. ,2008,25：209-211.

[12]　LI H,WANG R,GENG Y,et al. Enhancement effect of patterning resolution induced by an aluminum thermal conduction layer with AgInSbTe as a laser thermal lithography film [J]. Chin. Phys. Lett. ,2012,29(7)：157-159.

[13]　MIURA H,TOYOSHIMA N,HAYASHI Y,et al. Patterning of ZnS-SiO$_2$ by laser irradiation and wet etching[J]. JPN. J. Appl. Phys. ,2006,45(2B)：1410-1413.

[14]　MORI T. New approach to fabrication of minute columnar and ring patterns with ZnS, SiO$_2$,and Zn[J]. JPN. J. Appl. Phys. ,2009,48：010221.

[15]　ZHOU Q,ZHANG K,WEI T,et al. High resolution patterning on AgInSbTe thin films by laser thermal lithography[J]. Proc. SPIE,2016,9818：98180Y.

[16]　SHINTANI T,ANZAI Y,MINEMURA H,et al. Nanosize fabrication using etching of phase-change recording films[J]. Appl. Phys. Lett. ,2004,85(4)：639-641.

[17]　李豪.硫系激光热刻蚀薄膜的制备及其性质[D].北京：中国科学院大学,2012.

第 5 章

硫化物热敏胶薄膜与激光热敏光刻

5.1　引言

众所周知,光刻图形通常被刻写在由大分子长链化合物(聚合物)组成的有机光刻胶上[1-2]。光刻胶的曝光机理为光致玻璃转变效应,所需的曝光剂量较低,因此可用于投影(掩模)光刻。然而,光致曝光光刻的特征尺寸主要取决于曝光光斑大小,由于光学衍射极限的存在,基于可见光的光学曝光技术难以将特征尺寸缩小到纳米尺度[3-4]。幸运的是,激光热敏曝光光刻技术通过热致结构转变(如晶化)的阈值效应能克服光学衍射极限,实现纳米光刻[5]。

激光热敏光刻中,热敏光刻胶材料需要具备如下特点:

(1) 在曝光激光波长有合适的线性或非线性吸收,曝光反应可在几毫瓦甚至以下的功率下进行;

(2) 具有合适的结构转变温度,可使图形的特征尺寸降至纳米尺度;

(3) 曝光区与非曝光区具有良好的湿刻选择比;

(4) 面内热扩散较弱,可避免热扩散引起的特征尺寸变大。

5.2　Te 基硫化物热敏光刻胶

众所周知,Te 基硫化物材料可在 $100\sim200$℃温度范围内产生非晶态到晶态的结构转变,结构转变具有明显的阈值特征,通常应用在可擦重写相变光存储和随机相变存储器等领域。在可见光波段下 Te 基硫化物的光学吸收系数约为 $10^7/m$,热

扩散系数约为 $10^{-6}\,\mathrm{m}^2/\mathrm{s}$[6]。由于 Te 基硫化物材料在可见光波段具有较强的吸收、适宜的结构转变(晶化)阈值温度及晶态与非晶态的湿刻选择性,因此是优秀的热敏光刻胶候选材料之一。另外,硫化物薄膜在较宽波段的光谱中具有强吸收特性,所以曝光波长可从近红外一直延伸到深紫外波段。

5.2.1　AgInSbTe 热敏光刻胶

1. 激光诱导晶化

AgInSbTe(AIST)是 Te 基硫化物材料家族中的一员,可以作为热敏光刻胶。AIST 热敏光刻胶薄膜可采用磁控溅射或热蒸发法沉积制备。沉积的 AIST 热敏光刻胶薄膜一般为非晶态,激光曝光后由于受热,可从非晶态转变为晶态,如图 5.1(a)和(b)所示,其中激光波长为 810 nm[7]。由图可知激光曝光区与非曝光区存在反射率差。X 射线衍射分析如图 5.1(c)所示,激光辐照后会出现一些晶化峰,而激光曝光前由于处于沉积态,无任何结晶峰。这表明激光曝光可导致 AIST 热敏光刻胶薄膜晶化,但激光强度对结晶峰的位置和强度影响不大。

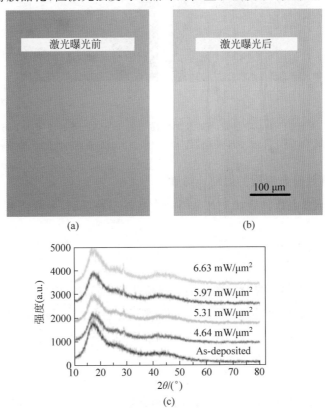

图 5.1　激光诱导 AIST 热敏光刻胶薄膜晶化,激光波长为 810 nm 的光学显微镜图片[7]

(a) 激光曝光前的沉积态;(b) 激光曝光后的晶态;(c) 不同强度激光曝光下的 XRD 分析

激光诱导晶化是一个以激光作为加热源导致的热相变过程,因此可利用聚焦激光束在 Te 基硫化物材料上制备不同结构。激光诱导 AIST 热敏光刻胶薄膜晶化所形成的图形如图 5.2 所示。图 5.2(a)是脉冲激光诱导的晶态点阵图形,晶态点的尺寸约为 1 μm。图 5.2(b)是连续激光束诱导的晶化线,线宽约 3 μm。由图可看出沉积态区和晶态区之间存在明显的颜色差异,插图是晶态区的横截面,表明与沉积态区相比,晶态区的深度约为 10 nm,约为 AIST 热敏光刻胶薄膜厚度的 5%。这种体积收缩效应主要是由非晶态和晶态之间的密度差产生的[8-9]。激光曝光过程中,在 440 K 左右,AIST 热敏光刻胶薄膜从非晶态转变为面心立方结构(fcc 型),在 620 K 左右,继续转变为六排密方的 hcp 型结构[10-11]。晶态薄膜的密度较非晶态增大 5%,因此从非晶态转变为晶态后材料的体积有所减小。

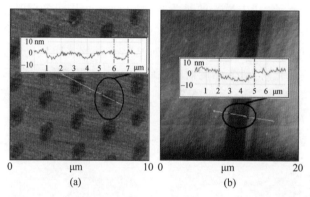

图 5.2　激光诱导 AIST 热敏光刻胶薄膜晶化的 AFM 图,激光波长为 635 nm[12]

(a)脉冲激光诱导的晶化点,插图是相应的截面图；(b)连续激光诱导的晶化线,插图是相应的截面

2. 基于碱性显影溶液的湿刻选择性

AIST 热敏光刻胶薄膜是一种金属型半导体材料,能在碱性溶液中显影,显影速率可表示为

$$v = A\exp\left(-\frac{E_a}{k_B T}\right)C_A^m C_B^n \tag{5.1}$$

式中：E_a 为 AIST 热敏光刻胶薄膜的表面活化能；k_B 和 T 分别为玻耳兹曼常数和温度；C_A^m 为碱性溶液的初始浓度；C_B^n 为 AIST 热敏光刻胶的浓度,可近似为常数；A 为有效分子碰撞系数,由碱性溶液浓度和 AIST 热敏光刻胶薄膜的缺陷密度决定。式(5.1)可化简为

$$v = AC_A\exp(-E_a) \tag{5.2}$$

AIST 热敏光刻胶薄膜在激光曝光区和非曝光区的缺陷数量和类型存在不同,导致激光曝光区的有效分子碰撞系数 A 不同于非曝光区。因此,激光曝光区的湿

刻速率也不同于非曝光区。激光曝光区与非曝光区之间的湿刻速率差异导致了湿刻选择性,从而通过激光热敏可在 AIST 热敏光刻胶薄膜上形成微纳图形结构。

（NH$_4$）$_2$S 和 NaOH 溶液是两种常用的碱性溶液,通常用作硫化物热敏光刻胶的显影液。AIST 热敏光刻胶薄膜在（NH$_4$）$_2$S 溶液中的湿刻选择性如图 5.3(a)所示,由图可得,激光曝光区和非曝光区的湿刻速率差异产生了清晰的台阶,其高度约为 175 nm(图 5.3(b))。非晶态与晶态的湿刻速率之比可达 20,表明 AIST 热敏光刻胶薄膜具有优越的湿刻选择性和激光热敏光刻特征。

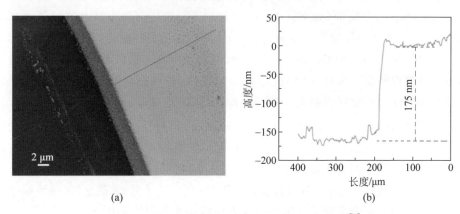

(a)　　　　　　　　　　(b)

图 5.3　AIST 热敏光刻胶薄膜光刻显影后的台阶[7]

(a) 显影的台阶;(b) 曝光与非曝光区之间的台阶仪分析曲线

在 NaOH 溶液中,AIST 热敏光刻胶薄膜的晶态与非晶态之间也具有湿刻选择性。图 5.2 中的点阵图形和线光栅图案可以通过 NaOH 溶液显影,得到的结构如图 5.4 所示,由图可看出显影后的图形结构平滑且均匀[12],内插图表明显影后的点阵结构和线光栅的高度约为 100 nm,其边缘陡峭且顶部平坦。

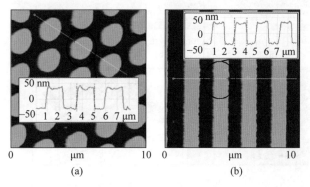

(a)　　　　　　　　　　(b)

图 5.4　AIST 热敏光刻胶薄膜曝光后在 NaOH 溶液显影得到的微纳结构的 AFM 图[12]

(a) 点阵结构;(b) 线光栅结构,插图为相应的截面

5.2.2　Ge-Sb-Te 光刻胶

在非晶态与晶态之间，Ge-Sb-Te 硫化物存在较大的光学反射率和电阻率差异，可用于可擦重写光存储和非易失性随机存取存储器等。激光脉冲加热后，Ge-Sb-Te 的热致结构由非晶态转变为晶态[13]。

实际上 Ge-Sb-Te 薄膜也是一种激光热敏光刻胶。激光曝光后，非晶态的 Ge-Sb-Te 薄膜被加热到相变温度 T_c，从而发生晶化。Ge-Sb-Te 是一种半导体材料，可在强碱性溶液中腐蚀，如 NaOH 和 TMAH 等，其晶态和非晶态的湿刻速率不同，这种湿刻速率差异导致了湿刻选择性，从而实现激光热敏光刻。

$Ge_2Sb_2Te_5$ 是一种 Ge-Sb-Te 硫化物，当加热到 150℃ 以上时，可发生非晶态到晶态的结构转变。选择 TMAH 溶液为湿刻剂，非晶态与晶态之间会出现明显的湿刻选择性。邓常猛等制备了多层结构样品，即基片/ZnS-SiO$_2$/Ge$_2$Sb$_2$Te$_5$，其中 ZnS-SiO$_2$ 层用于改善 Ge$_2$Sb$_2$Te$_5$ 层与基底的黏附性[14]。激光热敏光刻的工艺流程如图 5.5 所示。如图 5.5(a)所示为多层结构样品，通过聚焦激光光斑在 Ge$_2$Sb$_2$Te$_5$ 薄膜上制备出微纳图形，如图 5.5(b)所示。在强碱性溶液中进一步显影可得到图形结构，如图 5.5(c)所示。显影过程中，激光曝光(晶化)区保留而非曝光区(非晶态)被完全湿刻。显影后的线光栅结构光学图像如图 5.5(d)所示，相应的 AFM 图像如图 5.5(e)所示，线光栅结构规则且平滑。

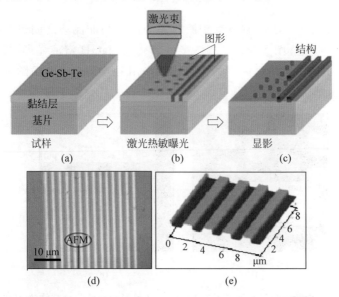

图 5.5　在 Ge$_2$Sb$_2$Te$_5$ 薄膜上制备的图形结构[14]

(a) 多层构造样品；(b) 激光热敏曝光；(c) 显影；(d)和(e)分别是线光栅结构的实验结果

热扩散是影响图形分辨率及图形质量的重要因素之一。金（Kim）等采用 $Ge_5Sb_{70}Te_{25}$ 作为热敏光刻胶，金属作为导热层，如图 5.6 所示，样品结构为 $Ge_5Sb_{70}Te_{25}$/ZnS-SiO$_2$/金属层/基片。Al 和 Ag 分别作为金属层，采用 405 nm 波长的激光光斑对样品进行热敏曝光，并在 NaOH 溶液中进行显影，可得到尺寸为 180 nm 的点阵结构。

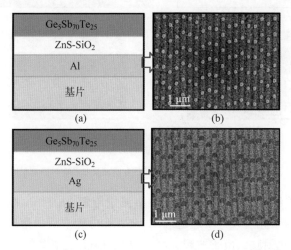

图 5.6 $Ge_5Sb_{70}Te_{25}$ 薄膜激光热敏光刻，其中 ZnS-SiO$_2$ 和金属层分别作为黏附层和热扩散层[15]
(a) Al 作为热扩散层的样品结构；(b) 图形结构；(c) Ag 作为热扩散层的样品结构；(d) 图形结构

5.2.3 TeO$_x$ 光刻胶

TeO$_x$ 薄膜主要由 Te、TeO$_2$ 及一些掺杂物构成，一般采用溅射法制备。样品结构为 TeO$_x$/有机薄膜/基片，其中有机薄膜为隔热层，用于增加 TeO$_x$ 层底部温度，如图 5.7(a)所示。隔热层包括如下两个功能：

（1）避免 TeO$_x$ 薄膜底部的热流向基片，一般采用具有低热导率的材料；

（2）将基片的光能反射到 TeO$_x$ 薄膜底部进行加热，因此隔热层具有一定的透明度及光学厚度。

采用 351 nm 波长的激光光刻装置进行激光热敏光刻。激光曝光 TeO$_x$ 薄膜后，在一定激光能量下，Te 被晶化。激光曝光的 TeO$_x$ 薄膜截面 TEM 图像如图 5.7(b)所示，由图可得薄膜上层区域出现相变（图中白虚线），黑色区域是含有 Te 的精细颗粒，而白色区域为 TeO$_2$。

曝光前，Te 精细颗粒与 TeO$_2$ 均匀分布在非曝光区，曝光后，Te 晶粒增大，TeO$_2$ 连续分布在相变区域的 Te 晶粒间，即 TeO$_2$ 通道形成。由于 TeO$_2$ 可溶于碱性溶液而 Te 晶粒不溶，曝光区在碱性溶液中显影后形成点结构。

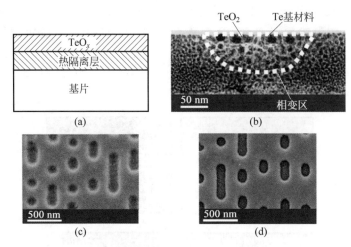

图 5.7　TeO$_x$ 薄膜热敏光刻[16]

（a）样品结构；（b）TEM 分析；（c）和（d）分别是没有隔离层和具有热隔离层时得到的图形结构

曝光区内，连续分布的 TeO$_2$ 在碱性溶液中溶解，由于 Te 晶粒不溶于碱性溶液而逐渐脱落，即曝光后 TeO$_2$ 通道形成，及其在碱性溶液中溶解使得 TeO$_x$ 薄膜可作为一种热敏光刻胶。由于非曝光区不存在 TeO$_2$ 通道，在碱性溶液中显影后，薄膜表面的 TeO$_2$ 晶粒逐渐溶解，剩余的 Te 微细颗粒覆盖在薄膜表面，抑制薄膜进一步溶解。

此外，隔热层对改善曝光灵敏度和图形分辨率极为重要。在 TeO$_x$ 薄膜上可形成随机的点结构。无隔热层和有隔热层时显影的图形结构表面分别如图 5.7(c) 和(d)所示。由图可得，具有隔热层的图形结构清晰且平滑，隔热层可改善图形分辨率。相同条件下，隔热层可降低热损耗，从而使曝光灵敏度增加。

5.3　高速激光热敏纳米光刻

激光热敏光刻的特征尺寸取决于激光光斑、结构转变阈值效应、热扩散通道等。对于固定的激光热敏光刻系统，激光光斑固定，如激光波长为 405 nm，透镜数值孔径为 0.9 的激光热敏光刻系统，其激光光斑为 550 nm。结构转变阈值效应理论上可降低特征尺寸，然而热扩散效应使得特征尺寸难以降低到 100 nm 以下，因此需要调控热扩散，同时利用其他物理效应和工艺，如光学非线性、缩短激光曝光时间等才能实现高速激光热敏纳米光刻。

大多数激光热敏光刻胶中，存在非线性吸收，如非线性饱和吸收和反饱和吸收[17-18]。光学非线性吸收引起光热局域化，正如第 4 章所述，热扩散会增加光热响应区域。为了降低特征尺寸,热敏光刻胶需要对激光光斑具有非线性吸收响应,还需要调控横向热扩散距离 l。l 可表示为 $l = \sqrt{Dt}$,式中 D 为热扩散系数,t 为激光曝光时间。为了减小 l,需要选择热扩散系数较小的热敏光刻胶,此外激光曝光时间应该尽可能短。缩短激光曝光主要包括两种方式,分别是短脉冲激光刻写和高速运动刻写。这里以 AIST 热敏光刻胶为例,分析高速激光热敏纳米光刻,其中运动速率和光斑尺寸分别为 8 m/s 和 550 nm。

5.3.1　光热局域化分析

激光曝光硫化物光刻胶时,吸收的光子激发电子与空穴对。当部分电子与空穴对非辐照复合时,光能转变为热能,引起结构转变。AIST 热敏光刻胶薄膜在 405 nm 处具有大的非线性吸收系数(β 约为 -4.2×10^{-3} m/W)和线性吸收系数(α_0 约为 7.63×10^7/m)。

假设刻写激光功率为 $P = 1.55$ mW,光热局域化的数值模拟结果如图 5.8 所示。具体模拟过程如下。

当高斯激光光斑曝光 AIST 热敏光刻胶薄膜表面时,光强在薄膜上呈指数衰减,

$$I(r,z,t) = \frac{2P_0(t)}{\pi w_0^2} \exp\left(-\frac{2r^2}{w_0^2}\right) \exp(-\alpha z) \tag{5.3}$$

其中,z 和 r 分别是垂直和径向坐标,w_0 表示最大强度为 $1/\mathrm{e}^2$ 处对应的光斑半径,$P_0(t)$ 表示被 AIST 热敏光刻胶薄膜表面吸收的瞬时激光功率,t 表示时间,I 表示样品内部的激光强度,α 表示吸收系数。对于非线性饱和吸收材料,吸收系数可表示为

$$\alpha(r,z) = \alpha_0 + \beta I(r,z) \ \text{且}\ \beta < 0 \tag{5.4}$$

时间积分可通过多层模型实现,如图 5.8(a)所示,其中 AIST 热敏光刻胶薄膜厚度 L 被认为是多薄层堆积(即 m 层),每层厚度为 ΔL,$L = m \times \Delta L$。计算光强度和吸收系数的分布后,光能量可表示为 $\Delta E(z,r) = \alpha(r,z) \times I(r,z)$。第 i 层的光强和吸收系数分别表示为 $I_i(r,z)$ 和 $\alpha_i(r,z)$,其中 $i = 1,2,3,\cdots,m$。第 i 层的光能量表示为 $\Delta E_i(r,z)$,$\Delta E_i(r,z) = \alpha_i(r,z) \times I_i(r,z)$,其中多层之间的干涉效应可忽略,这是由于每层存在强的线性吸收。激光聚焦到 AIST 热敏光刻胶薄膜表面,光强分布如下:

$$I_{in}(r,z) = I_0 \exp\left[-2r^2/w^2(z)\right], \quad w(z) = w_0\sqrt{1+(z/z_0)^2} \tag{5.5}$$

其中,$z_0 = \pi w_0^2/\lambda$ 表示瑞利长度,$I_0 = \dfrac{2P_0(t)}{\pi w_0^2}$。在 AIST 热敏光刻胶薄膜表面,$z = 0$,$w(z=0) = w_0$,且 $I_{in} = I_{inc} = I_0 \exp(-2r^2/w_0^2)$。$w_0$ 表示束腰半径,可由

以下公式得到：$w_0 \sim 0.61\lambda/NA$。由于光吸收效应，光通过第一层后会衰减，然后进入到第二层。若 m 足够大，每层的强度可由朗伯-比尔（Beer-Lambert）公式计算得到。

第一层可认为是一个样品表面，吸收系数 $\alpha_1(r,z)$ 和光强 $I_1(r,z)$ 计算如下[19]：

$$\alpha_1(r,z) = \alpha_0 + \beta I_{inc}(r,z)$$

$$I_1(r,z) = I_{inc}(r,z)e^{-\alpha_1(r,z)\Delta L}$$

$$\Delta E_1(r,z) = \alpha_1(r,z) \times I_1(r,z) \tag{5.6}$$

第 i 层，

$$\alpha_i(r,z) = \alpha_0 + \beta I_{i-1}(r,z)$$

$$I_i(r,z) = I_{i-1}(r,z)e^{-\alpha_i(r,z)\Delta L}$$

$$\Delta E_i(r,z) = \alpha_i(r,z) \times I_i(r,z) \tag{5.7}$$

在最后一层，即 m 层，

$$\alpha_m(r,z) = \alpha_0 + \beta I_{m-1}(r,z)$$

$$I_m(r,z) = I_{m-1}(r,z)e^{-\alpha_m(r,z)\Delta L}$$

$$\Delta E_m(r,z) = \alpha_m(r,z) \times I_m(r,z) \tag{5.8}$$

在材料内部，吸收的光能量由式(5.3)～式(5.8)计算得到。

由图 5.8 可得，光斑中心存在显著的光与能量的局域化效应。对于 AIST 热敏光刻胶薄膜，不同结构状态之间的吸收差异可达数倍之多。

基于计算的能量分布，可进一步计算局域温度变化。由于强的电声耦合效应，吸收能量使得薄膜温度升高，超过环境温度。单位体积吸收的激光功率为 $\Delta E(r,z,t) = \alpha(r,z)I(r,z,t)$。假设样品表面的热损耗正比于温度变化 $T(r,z=0,t)$，温度分布 $T(r,z,t)$ 取决于非稳态导热方程[21]：

$$C_p \frac{\partial}{\partial t}T(r,z,t) - k\nabla^2 T(z,r,t) = \Delta E(z,r,t) \tag{5.9}$$

$$\frac{\partial T(r,z=0,t)}{\partial z} = \gamma T(r,z=0,t) \tag{5.10}$$

边界条件如下：$T(r,z,t=0)=0$，$T(r=\infty,z,t)=T(r,z=\infty,t)=0$。$T(r,z,t)$ 和 $\partial T(r,z,t)/\partial z$ 在空气层、材料层和基片之间的边界必连续。γ 表示样品表面与环境之间的热交换系数，C_p 表示热容，k 表示热导率。$\nabla^2 = \frac{\partial^2}{\partial r^2} + \frac{1}{r}\frac{\partial}{\partial r} + \frac{\partial^2}{\partial z^2}$ 是基于圆对称函数的拉普拉斯算子，通过数值求解式(5.7)和式(5.8)，可得到材料内部的温度分布。

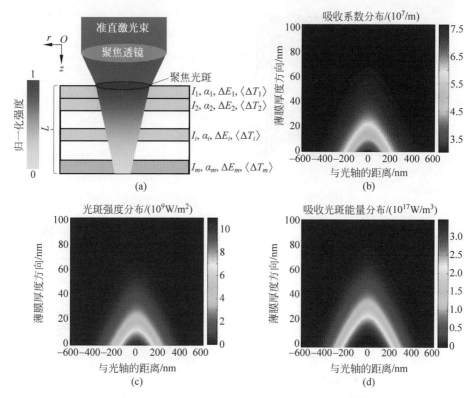

图 5.8　AIST 热敏光刻胶薄膜的光场局域化分析[20]

(a) 多层模型；(b) 吸收系数分布；(c) 光强分布；(d) 光能量分布

每层位置的激光停留时间假设为 75 ns。对于 AIST 热敏光刻胶薄膜，热导率 $k=1.02$ W/(m·K)，热容 $C_p=1.806\times10^6$ J/(m³·K)[22]。$\gamma=1\times10^7$/m 代表高速运动下，样品表面与环境之间的热交换非常快；为了便于对比，低速运动设置为 $\gamma=1\times10^6$/m，模拟结果如图 5.9 所示。低速情况下的计算结果如图 5.9(a)～(c)所示，高速情况下的计算结果如图 5.9(d)～(f)所示。从图中可看到，低速情况下的半高宽为 $1.0w_0$，而高速情况下为 $0.8w_0$，表现出明显的热局域效应。一方面，高速与低速运动得到的半高宽明显低于光斑大小（半高宽＝$2w_0$）；另一方面，低速情况下的温度显著高于高速情况下的结果，这是由于高速运动情况下，样品表面空气对流快，散热加快。

另外，样品存在结构转变阈值。仅当 AIST 热敏光刻胶薄膜被加热到超过结构弛豫（或玻璃转变）温度 $T>T_{strg}$（～90℃）[23]，结构转变才会发生。在阈值处的光斑宽度为 $0.35w_0$～105 nm，如图 5.9(f)所示。同时，$z_{dp}(T>T_{strg})$增加到 38 nm，大于光穿透深度（约为 10 nm）。

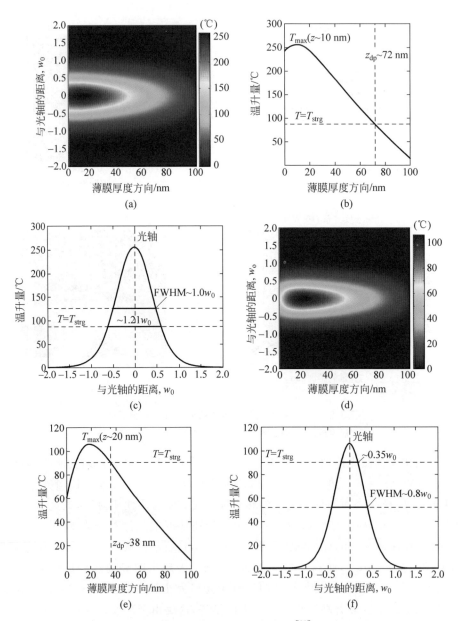

图 5.9 热局域化的数值模拟[20]

(a) $\gamma = 1 \times 10^6$/m 和 $T(r, z)$ 时的温度分布图；(b) $\gamma = 1 \times 10^6$/m 和 $T(r=0, z)$ 时的温度分布图；(c) $\gamma = 1 \times 10^6$/m 和 $T(r, z = 10 \text{ nm})$ 时的温度分布图；(d) $\gamma = 1 \times 10^7$/m 和 $T(r, z)$ 时的温度分布图；(e) $\gamma = 1 \times 10^7$/m 和 $T(r=0, z)$ 时的温度分布图；(f) $\gamma = 1 \times 10^7$/m 和 $T(r, z = 20 \text{ nm})$ 时的温度分布图

T_{strg}—结构弛豫温度；z_{dp}—结构弛豫深度；w_0—在最大强度 $1/e^2$ 处的刻写光斑的半径

5.3.2　基于高速旋转缩短曝光时间

样品的高速运动可通过旋转型激光热敏光刻系统实现。如图 5.10 所示,其中 GaN 激光器($\lambda=405$ nm)发射的准直激光束通过透镜(NA＝0.90)聚焦。聚焦光斑尺寸理论上为 $D=1.22\lambda/\mathrm{NA}\sim550$ nm。激光器的 TTL 输入端口连接到信号发生器,可使激光束调制成任意波形的光脉冲。脉冲激光聚焦成衍射极限光斑曝光直径为 120 mm 的圆形样品,样品始终保持在旋转台上,硫化物热敏光刻胶沉积到圆盘上,最大线速率达 10 m/s。通过改变样品运动速率来调节激光光斑在样品上的停留时间,使其达到 100 ns 以下量级。激光停留时间由以下公式 $t_p\sim2w_0/v$ 计算,其中 v 表示样品运动速率。

激光热敏光刻中,样品高速运动可改善热扩散通道并提高图形分辨率。由于不同方向(通道)上的热扩散不同,使得热扩散更加复杂,热扩散通道的机理如图 5.11 所示。当热斑中心的温度高于环境温度时,热迅速向周围扩散。AIST 热敏光刻胶是一种半金属半导体,具有大的热扩散系数,约 1.85 mm^2/s[22]。大的热扩散会引起图形分辨率低于理论结果。热量沿面内通道($D_{//\mathrm{side}}$)和面外通道($D_\perp$)扩散,$D_\perp$ 包括 $D_{\perp\mathrm{up}}$ 和 $D_{\perp\mathrm{down}}$,如图 5.11 所示。

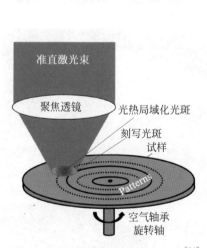

图 5.10　高速旋转型激光热敏光刻[24]

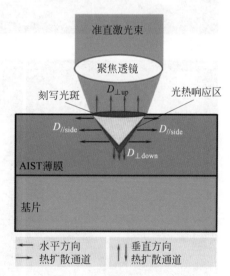

图 5.11　热扩散通道原理图[20]

光热局域化过程涉及 $D_{//\mathrm{side}}$ 和 $D_\perp$ 通道,$D_{//\mathrm{side}}$ 通道沿径向,会增加光热区域,而 $D_\perp$ 通道可减小光热区域。因此,需要减小 $D_{//\mathrm{side}}$ 通道并增加 $D_\perp$ 通道,可通过高速旋转运动实现。样品表面产生强空气流动,强空气流动使面外热扩散 $D_\perp$ 更容易,并改善面内热扩散 $D_{//\mathrm{side}}$ 通道,$D_{\perp\mathrm{up}}$ 通道可迅速移除多余热量,避免热量累积在面内区域。样品转速较快时,样品表面的对流就会加快。因此,可大大降低 $D_{//\text{side}}$ 通道对图形分辨率的不利影响。

$D_\perp$ 通道包括 $D_{\perp\text{up}}$ 和 $D_{\perp\text{down}}$,可改善光刻图形深度。对于 AIST 热敏光刻胶,光穿透深度仅 10 nm,对于光刻而言非常低。若无热扩散,光刻深度仅为 10 nm,光无法达到更深的位置。然而,幸运的是,相比 S/Se 基硫化物和有机光刻胶,AIST 热敏光刻胶薄膜具有更大的热扩散系数,可使光热响应深度远大于光穿透深度,也就是说 AIST 热敏光刻胶薄膜具有较大的光刻深度。

5.3.3　激光热敏纳米光刻

直径为 120 mm 的刻写盘片形貌如图 5.12(a)所示,其中激光功率为 $P=1.55$ mW,

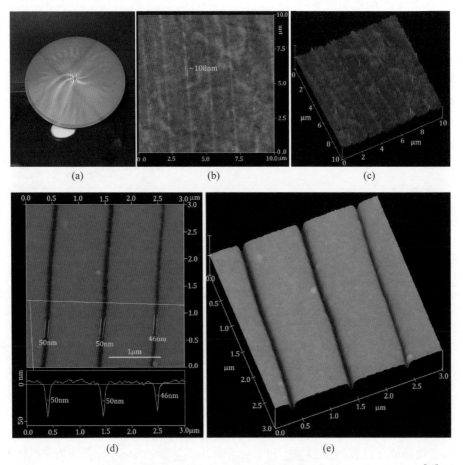

图 5.12　在 AIST 热敏光刻胶薄膜上制备的光刻图形,其中激光功率为 1.55 mW[20]

(a) 直径为 120 mm 的刻写盘片;(b) 激光扫描后的二维 AFM 图;(c) 激光扫描后的三维 AFM 图;(d) 显影后的二维 AFM 图及相应的截面图;(e) 显影后的三维 AFM 图

对应激光强度约为 $1.10 \times 10^6 \, \text{W/cm}^2$。激光扫描后的二维（2D）和三维（3D）AFM
图像分别如图 5.12(b) 和(c)所示。该图像仅为盘片的一小部分，刻写图形包括一
些结构转变痕迹（激光扫描后的相变区）。刻写线宽为 108 nm，如图 5.12(b)所示。
结构转变区呈现轻微的浮雕结构，如图 5.12(c)所示。实验线宽和深度与图 5.10
的模拟数据基本一致。

刻写图形（结构转变区域）可被硫化铵溶液进一步湿刻。由于激光曝光与非曝
光区的湿刻选择性，曝光区和非曝光区之间的图形对比度可进一步增强[7]。湿刻
后的二维和三维 AFM 图像分别如图 5.12(d)和(e)所示。结果表明线光栅结构深度
可达 37 nm，而线结构全宽为 100 nm。最小半高宽为 (46 ± 5) nm，远低于刻写光斑尺
寸。衍射极限光斑尺寸约 $1.22\lambda/\text{NA} = 550$ nm，激光刻写系统的实际尺寸约为
600 nm。因此得到的最小特征尺寸仅为光斑的 1/12。在光热局域化光刻过程中，
通过快速改变激光功率可直接得到具有不同线宽的线光栅结构，实验结果如
图 5.13 所示。二维 AFM 图和相应的截面分析如图 5.13(a)所示，插图是线光栅
结构的深度图。三维 AFM 图像如图 5.13(b)所示。由图可得线光栅结构清晰，
AIST 热敏光刻胶上制备了不同线宽的图形结构，通过迅速改变激光强度，半高宽
可从 250 nm 降至 50 nm。

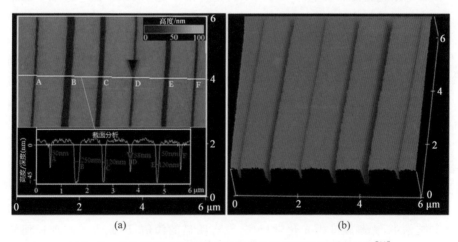

图 5.13　改变激光功率得到不同线宽的线光栅结构实验结果[20]

(a) 二维 AFM 图；(b) 三维 AFM 图

5.4　激光热敏光刻的任意特征尺寸调整

目前，具有多尺度结构的微纳器件通常采用投影光刻技术，通过不同特征尺寸
的多个光掩模版和多种光刻方法曝光制作。例如，激光直写光刻被用来制造大面

积的微米尺度的结构,电子束光刻被用来制造小面积的纳米结构。采用这种技术曝光时,对准标记必须提前在光掩模和硅片上制造,并通过对准相机精确叠加曝光。所以采用多种光刻方法的融合使得制造过程非常复杂且昂贵。此外,如果仅采用单一的高精度曝光技术(如电子束光刻技术)制备多尺度结构,其制造成本很高,并且效率往往非常低。理论上,根据公式 $D=1.22\lambda/\mathrm{NA}$,激光直写光刻的特征尺寸可以通过改变光源的波长($\lambda$)和物镜的数值孔径(NA)来调整。然而,在光刻过程中改变工作波长几乎是不可能的,因为大多数光刻胶仅用于特定波长。更换物镜来改变光学系统的有效 NA 也是改变刻写光斑尺寸的有效手段之一,但频繁地更换物镜会降低光刻机的稳定性和生产效率。激光热敏光刻在不受阿贝衍射极限制约的情况下,可以灵活地调节热敏光刻胶的热阈值和热扩散效应,从而使光刻特征尺寸小于或大于聚焦光斑,实现跨尺度光刻。

5.4.1 仿真和分析

1. 思想起源与激光热敏光刻胶的特点

在中国,毛笔书法已有数千年历史。毛笔书法注重笔划的风格和线条的可塑性。所谓笔划是指控制画笔以书写出不同宽度和长度的线条。这个过程中的第一个关键点是对毛笔刷的"提压"。也就是说,当毛笔刷被按下时,线条会变粗,而当毛笔刷被提起时,线条会变细(图 5.14(a))。在书写过程中,毛笔会被按下和提起,产生不同宽度的线条。第二个关键点是毛笔刷运动的"开始和结束"。通过控制写入速度和时间,可以获得不同长度和宽度的笔划。另外,在通常的钢笔等硬笔书法中,经常会遇到墨滴从笔尖掉落(图 5.14(b)),滴落到纸面上会迅速扩散,墨滴扩散面积远大于墨滴本身(图 5.14(c))。受中国毛笔书法和墨滴扩散的启发,激光热敏光刻也可以在不受阿贝衍射极限制约的情况下,通过灵活地调节热敏光刻胶的热阈值和热扩散效应,来调节光刻特征尺寸小于聚焦光斑或大于聚焦光斑,实现从纳米到光斑尺寸的跨尺度光刻。

要实现特征尺寸的任意调节,必须选择合适的热敏光刻胶材料。在传统的光学光刻技术中,光刻胶产生光化学反应,没有明显的阈值,因此很难实现任何特征尺寸的刻写,并且特征尺寸会受到衍射极限的限制。相反,激光热敏光刻是一种光物理过程,曝光区的大小取决于温度场的分布,而不受衍射极限的限制。要实现特征尺寸的任意调节,热敏光刻胶需要具备以下特性:①高分辨率,与有机光刻胶聚合物大分子不同,热敏光刻胶多为无机非金属薄膜材料,其基本单元为原子。曝光区与非曝光区之间的过渡区只有几个原子。②湿刻对比度:热敏光刻胶具有明显的相变阈值温度。当温度高于相变阈值时,热敏光刻胶的结构由沉积态转变为晶态。在酸或碱性溶液中,不同的相具有不同的湿刻速率,从而产生明显的湿刻选择

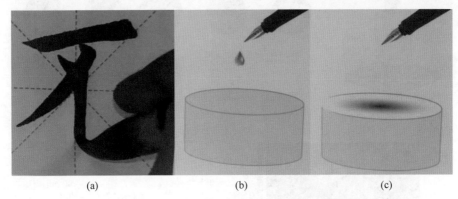

图 5.14　跨尺度激光热敏光刻的物理思想起源

(a) 中国毛笔书法；(b) 钢笔尖掉落的墨滴；(c) 墨滴掉落到纸上后迅速扩散

性。③宽光谱吸收：激光热敏光刻本质上是一种光热效应。由于热敏光刻胶的吸收光谱宽，可吸收的光谱范围从近红外到极紫外光。

2. 激光热敏光刻的热场分布分析

在激光热敏曝光过程中，聚焦高斯强度分布的激光束斑曝光到热敏光刻胶表面（图 5.15(a)）。热敏光刻胶吸收激光能量并加热到一定温度（图 5.15(b)），由于热敏光刻胶存在热阈值效应（图 5.15(c)），当温度超过相变阈值时，热敏光刻胶从无序的沉积态（非曝光状态）转变为有序的晶化态（曝光状态），热曝光区决定着激光热敏光刻的特征尺寸。通过控制热扩散和热阈值效应，图形结构的特征尺寸可以从纳米尺度变化到微米尺度（图 5.15(d)）。一方面由于热敏光刻胶的热阈值效应，其特征尺寸可能会小于光斑尺寸；另一方面，当热扩散区域超过光斑尺寸时，在光斑以外的区域也可能会发生热敏曝光，这样实际的曝光区就大于刻写光斑本身，实际得到的图形特征尺寸是刻写光斑尺寸的 1.5 倍和 2 倍。因此，热敏曝光可以发生在激光曝光的区域内，也可以出现在激光曝光区域之外。

热敏光刻胶薄膜厚度是影响跨尺度刻写的重要因素。以 AIST 热敏光刻胶薄膜为例，当薄膜过厚时，如图 5.15(e) 所示。曝光后，在厚度方向会出现晶化不完全的现象，即在厚度方向曝光不彻底。当厚度太薄时，大部分光能量会透过材料，如图 5.15(f) 所示为不同厚度下热敏光刻胶薄膜的透过率曲线，当薄膜厚度增加到 100 nm 左右时，薄膜在特定波长的带宽内才是完全不透明的，也就是说大部分光能量才能被吸收。

根据方程(5.1)～方程(5.8)，对不同激光功率曝光下 AIST 薄膜的温度分布进行数值模拟仿真。模拟过程中为了简化计算，忽略非线性吸收对温度的影响，同时采用加权余值中的伽辽金法求解温度场方程。图 5.16(a) 是不同激光功率下 AIST 薄膜的温度分布。激光脉冲持续时间设置为 80 ns，随着激光功率的增加，峰

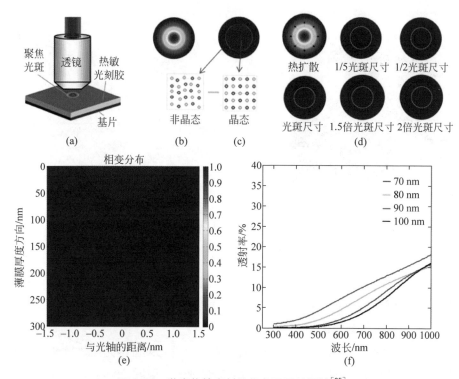

图 5.15　激光热敏光刻的相变区尺寸调控[25]

（a）激光热敏光刻；热敏光刻胶上的温度场（b）和相变区（c）分布；（d）利用热阈值效应和热扩散过程对相变区进行多尺度调控；（e）在厚度方向的晶化区分布；（f）不同厚度的热敏光刻胶的透射率

值温度升高。当激光功率为 0.5 mW 时，峰值温度不能达到 AIST 的晶化温度（180℃），从而不能完成热曝光。为了达到阈值温度，激光功率必须高于 1 mW。插图显示了激光功率和特征尺寸之间的关系，可以看出特征尺寸（CD）随着激光功率的增加而增加。图 5.16（b）是不同激光脉宽持续曝光下 AIST 薄膜的温度分布，激光功率固定为 5.0 mW。结果表明，随着激光脉宽的增加，峰值温度逐渐升高。当激光脉宽为 2 ns 时，峰值温度低于阈值温度。为了进行热敏曝光，激光脉宽必须增加到 5 ns 以上。激光脉宽和特征尺寸之间的关系如插图所示，特征尺寸随激光脉宽的增加而增大。另外，当激光功率或脉宽进一步增加到 6.4 mW 或 120 ns 时，薄膜的峰值温度超过其熔点（540℃），会发生熔化烧蚀效应，将无法得到微纳结构。因此，需要将热敏光刻胶薄膜的峰值温度限制在晶化温度以上和烧蚀温度以下，从而进行热敏曝光。

　　图 5.16（c）是图形结构的特征尺寸、激光功率和激光脉冲持续时间之间的关系。可以看出，通过调节激光能量和/或激光脉冲持续时间，特征尺寸可以从 2.4 μm 变化到 0.1 μm。热阈值曲线（晶化温度和烧蚀温度曲线）也显示在图 5.16（c）中，

分别标记为 L_1 和 L_2。只有当曝光参数在 L_1 和 L_2 曲线之间时,才能得到合格的
微纳结构。激光脉冲宽度和功率对特征尺寸的影响是不同的,相同的峰值温度并
不对应于相同的特征尺寸,如图 5.16(d)所示。当激光功率和脉冲宽度分别为 6 mW
和 80 ns 时,特征尺寸约为 2.5 μm;当激光功率和脉冲宽度分别调整为 5.5 mW 和
100 ns 时,相应的特征尺寸约为 2.6 μm;当激光功率和脉冲宽度分别进一步调整
为 5 mW 和 120 ns 时,相应的特征尺寸为 2.7 μm。虽然较长的激光脉宽和较低的

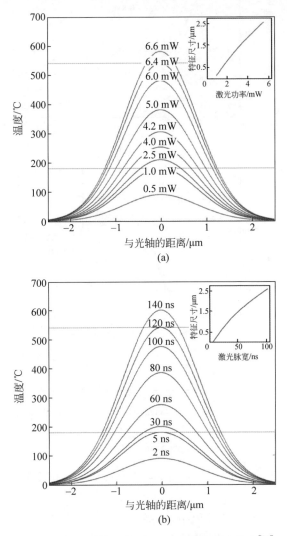

图 5.16　不同曝光条件下 AIST 薄膜的温度分布[25]

(a) 不同的激光功率;(b) 不同的激光脉宽;(c) 特征尺寸与激光功率、激光脉宽的关系;(d) 在不同激光
功率和脉宽下具有相同峰值的温度分布

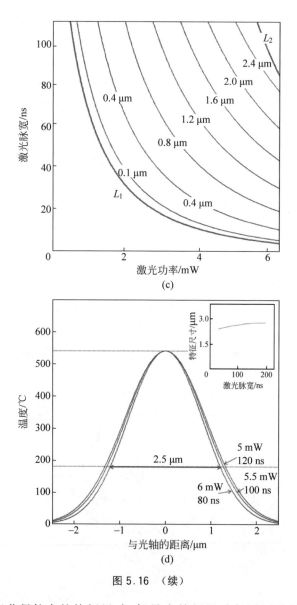

图 5.16 （续）

激光功率有助于获得较大的特征尺寸,但最大特征尺寸仍受到热敏光刻胶熔融烧蚀阈值的限制。

　　在实际的激光热敏曝光过程中,样品相对于激光光斑是移动的,所以需要模拟样品在连续移动下的热敏曝光的动态特性。图 5.17 给出了 AIST 薄膜表面不同时刻温度场和相变区分布,其中样品运动速度为 5 m/s,刻写过程中激光功率从

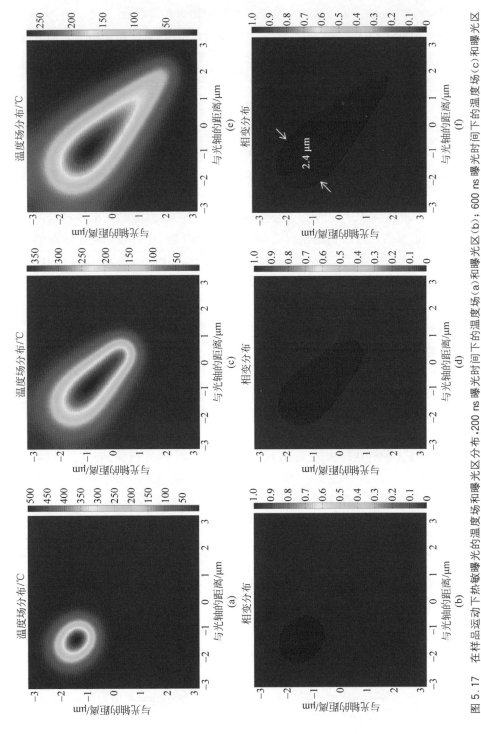

图 5.17　在样品运动下热敏光的温度场和曝光区分布，200 ns 曝光时的温度场(a)和曝光区(b)；600 ns 曝光时间下的温度场(c)和曝光区(d)；1 μs 曝光时间下的温度场(e)和曝光区(f)。样品运动速度为 5 m/s，曝光过程中激光功率从 5 mW 连续调节到 1 mW[25]

5 mW 连续调节到 1 mW。可以看出随着激光曝光时间增加，温度场会变成一个尖状图形，在曝光时间达到 1 μs 时，正如图 5.17(e) 和 (f) 所示，温度场和相变区的分布形成清晰的针状结构，图 5.17(f) 显示针状结构的最大线宽约为 2.4 μm。

5.4.2　跨尺度图形结构制造

图 5.18(a) 是通过激光热敏光刻在 AIST 薄膜上制备的具有不同尺寸的点阵结构，特征尺寸从 90 nm 到 2.3 μm 任意调节。最小特征尺寸为 90 nm 时，对应的曝光功率和脉宽分别为 5 mW 和 10 ns；最大特征尺寸为 2.3 μm 时，对应的曝光功率和脉宽分别为 5 mW 和 100 ns。90 nm 的特征尺寸远小于刻写光斑尺寸 (0.62 μm)，2.3 μm 的特征尺寸约为刻写光斑尺寸的 4 倍。当激光功率或脉宽进一步增加时，峰值温度超过熔化烧蚀阈值，将发生烧蚀反应，难以得到需要的微纳结构 (图 5.18(a) 插图)。然而，更大的特征尺寸，如 2.5 μm、2.6 μm 和 2.7 μm，可以通过更长的脉冲时间和更低的功率来实现，如图 5.18(a) 的右栏所示，当激光功率降低到 0.5 mW 和脉宽增加到 300 ns 时，得到的特征尺寸为 2.7 μm，这与图 5.17 的仿真结果基本一致。也就是说，采用激光热敏曝光方法，最大特征尺寸 (2.7 μm) 是刻写光斑的 4.5 倍，最小特征尺寸仅是刻写光斑的约 1/7。单次曝光可以获得纳米尺度 (90 nm) 到微米尺度 (2.7 μm) 的任意特征尺寸，跨尺度达到 30 倍，具有很强的特征尺寸能力。

如图 5.18(b) 和 (c) 所示为制造的类针状结构，曝光速率为 5 m/s，激光功率从 5 mW 连续变化到 1 mW。为了确定激光热敏曝光的相变阈值效应，利用选区电子衍射 (SAED) 对曝光的针状结构 (显影前) 进行了分析。在图 5.18(b) 的插图中，A 点和 B 点位于针状结构的中心线上，相应的 SAED 图谱表明了薄膜的部分结晶状态。C 点偏离针状结构的中心线，SAED 图表明典型的霍尔弥散环，它对应于沉积态 (非曝光态)。此外，图 5.18(d) 和 (e) 给出了葫芦状和月亮状结构，也是通过一次性曝光而获得。

为了进一步验证激光热敏光刻能获得任意特征尺寸的高密度结构，图 5.19(a) 给出了不同特征尺寸的线光栅结构，其曝光速率为 10 m/s，激光功率从 6 mW 逐渐减小到 1 mW 时 (从左到右)，线宽相应地从 2.7 μm 变为 100 nm。图 5.19(b)～(g) 给出了不同密度和线宽的光栅结构，激光功率分别为 4 mW、2 mW、1.8 mW、1.6 mW、1.5 mW 和 1.0 mW，曝光速率均为 10 m/s，占空比为 1∶1，得到的线宽分别为 1.0 μm、0.5 μm、0.3 μm、0.2 μm、0.15 μm 和 0.09 μm。这表明采用激光热敏光刻方法，能制备不同密度的光栅结构，最小光栅线宽为 90 nm，周期为 180 nm，光

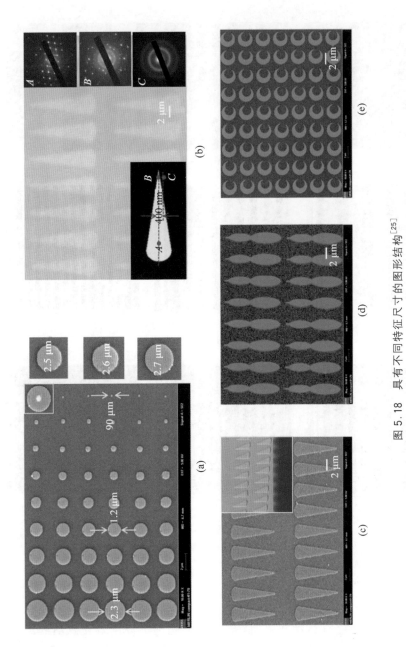

图 5.18　具有不同特征尺寸的图形结构[25]

(a) 多尺度点阵结构的扫描电子显微镜图像，插图显示了一个烧蚀点；(b) 热敏曝光后得到的针状结构的光学显微图像和 SAED 图谱；显影后的针状 (c)、葫芦状 (d) 和月亮状 (e) 的跨尺度结构的扫描电子显微镜图像（注：以上图形均为一次性热敏曝光获得）

栅密度达到 5555 线每毫米，远高于目前激光直写光刻或干涉光刻所得光栅的密度。

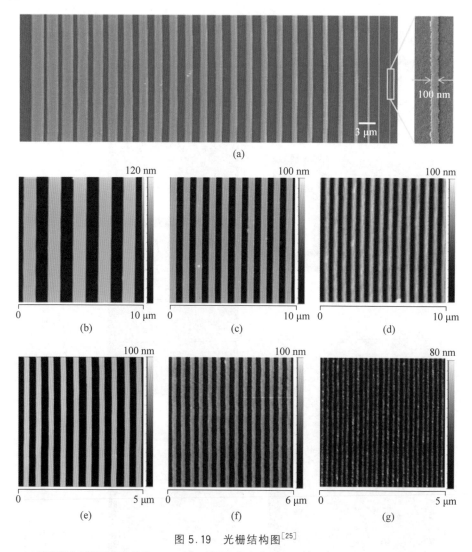

图 5.19　光栅结构图[25]

(a)跨尺度光刻得到的线结构（SEM 图）。间距/线宽分别为 2.0 μm/1.0 μm(b)，1 μm/0.5 μm
(c)，0.6 μm/0.3 μm(d)，0.4 μm/0.2 μm(e)，0.3 μm/0.15 μm(f)和 0.18 μm/0.09 μm(g)的光栅
结构的 AFM 图

采用矢量控制电机运动轨迹时，激光热敏光刻可以制备任意曲线结构，如图 5.20 所示，图中显示了同心圆弧、螺旋线、网格线、相交线的各种 SEM 图像，线宽为 120 nm，周期为 300 nm。这些曲线和线条结构清晰、分布均匀。该功能可用

于实现菲涅耳波带片等衍射光学元件的高效制备。

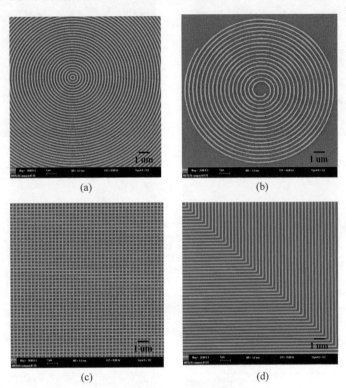

图 5.20　矢量曝光模式刻写的任意图形[25]

(a) 同心圆弧；(b) 螺旋线；(c) 网格；(d) 相交线的扫描电子显微镜图像

5.4.3　复杂图形结构制造

在进行大尺寸图形结构制备时，与传统的激光直写技术中的标量曝光方式类似，激光热敏曝光中，可以采用大特征尺寸(大于刻写光斑)来曝光图形结构的中心部分，用小特征尺寸(小于刻写光斑)曝光图形结构的边界，称为多点曝光法。图 5.21(a) 和(b) 为用这种多点曝光方法制备的尺寸为 6 μm 和 5 μm 的点阵列和正方形阵列。这种多点曝光法的小特征尺寸曝光点的高精度叠加(图 5.21(a) 和(b)中插图)可以获得精细的边缘粗糙度。如图 5.21(c) 所示为制作的光子筛的多孔阵列，中心孔的直径约为 5 μm，采用多点曝光法制备，最外圈的孔直径约为 200 nm，采用一次性曝光法制备。如图 5.21(d)~(f)所示为通过激光热敏曝光法制作的跨尺度分辨率测试板和标准带隙基准单元，这些结构的最小和最大特征尺寸分别为 150 nm 和 10 μm。由于激光热敏光刻具有很强的跨尺度图形化能力，因此该方法的制造效率远高于传统的激光直写和电子束直写方法。

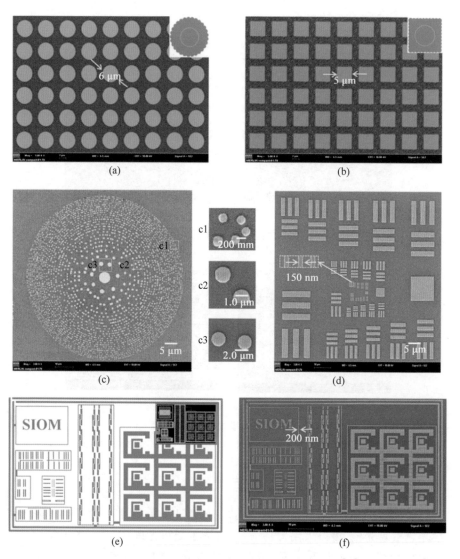

图 5.21 通过激光热敏曝光制备的不同图案结构[25]

（a）点阵列；（b）正方形阵列；（c）光子筛阵列；（d）分辨率测试板的扫描电子显微镜图像；（e）带隙基准基本单元版图；（f）扫描电子显微镜图像

5.5 本章小结

当合适强度的激光辐照 Te 基硫化物薄膜时产生非晶态到晶态的结构转变。晶化转变是一个热过程，并在一定阈值温度下发生。利用激光作为热源可实现热敏相变光刻。由于结构转变的阈值效应可实现纳米光刻,其特征尺寸可降至 46 nm,仅为聚焦激光光斑尺寸的 1/12,因此 Te 基硫化物光刻胶是高速激光热敏光刻的候选材料之一,其特征尺寸能降低到 100 nm 以下。利用激光热敏光刻的热阈值和热扩散调控,可以实现跨尺度图形的曝光。热阈值曝光可以将图形结构的特征尺寸从刻写光斑尺寸减小到纳米尺度。热扩散导致激光能量由激光光斑向外扩散,使特征尺寸增加到大于激光光斑尺寸本身。实验上也表明,采用激光热敏曝光方法,最大特征尺寸(2.7 μm)是刻写光斑的 4.5 倍,最小特征尺寸仅是刻写光斑的约 1/7。单次曝光可以获得纳米尺度(90 nm)到微米尺度(2.7 μm)的任意特征尺寸,跨尺度达到 30 倍,具有很强的调节特征尺寸的能力,采用多点曝光方法可获得具有精细边缘粗糙度的图形。

参考文献

[1] ITANI T,KOZAWA T. Resist materials and processes for extreme ultraviolet lithography [J]. Jpn. J. Appl. Phys. ,2013,52: 010002.

[2] KOVALSKIY A, VLCEK M, JAIN H, et al. Development of chalcogenide glass photoresists for gray scale lithography[J]. J. Non-Crystal. Solids,2006,352: 589-594.

[3] GROSJEAN T,COURJON D, BAINIER C. Smallest lithographic marks generated by optical focusing systems[J]. Opt. Lett. ,2007,32: 976-978.

[4] FISCHER J,FREYMANN G, WEGENER M. The materials challenge in diffraction-unlimited direct-laser-writing optical lithography[J]. Adv. Mater. ,2010,22: 3578-3582.

[5] WEI J,WANG Y, WU Y. Manipulation of heat-diffusion channel in laser thermal lithography[J]. Opt. Express,2014,22: 32470-32481.

[6] CAI X,WEI J. Thermal properties of Te-based phase-change materials[J]. Proc. SPIE, 2013,8782: 87820O.

[7] LI H,GENG Y,WU Y. Selective etching characteristics of the AgInSbTe phase-change film in laser thermal lithography[J]. Appl. Phys. A,2012,107: 221-225.

[8] WEIDENHOF V,FRIEDRICH I, ZIEGLER S, et al. Atomic force microscopy study of laser induced phase transitions in $Ge_2 Sb_2 Te_5$[J]. J. Appl. Phys. ,1999,86: 5879-5887.

[9] NJOROGE W K,WOLTGENS H W, WUTTIG M. Density changes upon crystallization of $Ge_2 Sb_{2.04} Te_{4.74}$ films[J]. J. Vac. Sci. Technol. A,2002,20: 230-233.

[10] MATSUNAGA T,UMETANI Y,YAMADA N. Structural study of an $Ag_{3.4} In_{3.7} Sb_{76.4} Te_{16.5}$ quadruple compound utilized for phase-change optical disks[J]. Phys. Rev. B, 2001, 64: 184116.

[11] RAOUX S,SHELBY R M,SWEET J J,et al. Phase change materials and their application to random access memory technology[J]. Microelectron. Eng. ,2008,85: 2330-2333.

[12] DUN A,WEI J, GAN F. Laser direct writing pattern structures on AgInSbTe phase change thin film[J]. Chin. Opt. Lett. ,2011,9: 082101.

[13] WEI J,GAN F. Theoretical explanation of different crystallization processes between as-deposited and melted-quenched amorphous $Ge_2Sb_2Te_5$ thin films[J]. Thin Solid Films, 2003,441: 292-297.

[14] DENG C,GENG Y,WU Y,et al. Adhesion effect of interface layers on pattern fabrication with GeSbTe as laser thermal lithography film[J]. Microelectronic Eng. ,2013,103: 7-11.

[15] KIM J H. Effects of a metal layer on selective etching of a $Ge_5Sb_{75}Te_{20}$ phase-change film [J]. Semiconductor Sci. Tech. ,2008,23: 105009.

[16] ITO E,KAWAGUCHI Y, TOMIYAMA M, et al. TeO_x-based film for heat-mode inorganic photoresist mastering[J]. Jpn. J. Appl. Phys. ,2005,44(5B): 3574-3577.

[17] LIU S,WEI J,GAN F. Nonlinear absorption of Sb-based phase change materials due to the weakening of the resonant bond[J]. Appl. Phys. Lett. ,2012,100: 111903.

[18] LIU J,WEI J. Optical nonlinear absorption characteristics of AgInSbTe phase change thin films[J]. J. Appl. Phys. ,2009,106: 083112.

[19] WEI J,YAN H. Strong nonlinear saturation absorption-induced optical pinhole channel and super-resolution effects: a multi-layer system model [J]. Opt. Lett. , 2014, 39: 6387-6389.

[20] WEI J,ZHANG K,WEI T,et al. High-speed maskless nanolithography with visible light based on photothermal localization[J]. Sci. Rep. ,2017,7: 43892.

[21] MANSURIPUR M, CONNELL G A N, GOOD J A. Laser-induced local heating of multilayers[J]. Appl. Opt. ,1982,21: 1106-1114.

[22] JIAO X,WEI J, GAN F, et al. Temperature dependence of thermal properties of $Ag_8In_{14}Sb_{55}Te_{23}$ phase-change memory materials[J]. Appl. Phys. A,2009,94: 627-631.

[23] KALB J A, WUTTIG M, SPAEPEN F. Calorimetric measurements of structural relaxation and glass transition temperatures in sputtered films of amorphous Te alloys used for phase change recording[J]. J. Mater. Res. ,2007,22: 748-754.

[24] BAI Z,WEI J, LIANG X. High-speed laser writing of arbitrary patterns in polar coordinate system[J]. Rev. Sci. Instrum. ,2016,87: 125118.

[25] WANG Z,ZHENG J, CHEN G, et al. Laser-assisted thermal exposure lithography: arbitrary feature sizes[J]. Adv. Eng. Mater. ,2021,23: 2001468.

第 6 章

基于有机薄膜的激光热敏光刻

6.1 引言

通常用于激光热敏光刻的材料主要为硫系相变材料,这是由其非晶态和晶态的选择性刻蚀特性决定的[1-2]。实际上,一些有机薄膜也可作为热敏光刻材料[3-8],其光刻过程步骤简单,涉及的光刻机理包括激光诱导热汽化、热分解及热变形等,且无需显影过程。

相比无机相变材料,有机薄膜具有如下优势:

(1) 具有光热自局域化特性;

(2) 热扩散系数较低,避免图形特征尺寸由于热扩散变大;

(3) 激光诱导汽化、变形或分解,无需显影工艺,可直接形成图形结构。

基于光热自局域化效应在有机薄膜上进行激光热敏光刻的示意图如图 6.1 所示,这里的光刻反应被限制在较小的区域。具有高斯强度分布特性的聚焦光斑曝光到有机薄膜上,光斑强度可用如下公式表示:$I(r) = I_0 \exp(-2r^2/w_0^2)$,式中 r 为径向坐标,w_0 为 $1/e^2$ 强度处的光斑半径。对于激光直写光刻,光刻反应来源于有机薄膜对光能量的吸收,吸收的能量可表示为 $Q(r) = -\alpha I(r)$,其中 α 表示吸收系数。由于刻写光斑的曝光,有机薄膜被迅速加热,当光斑中心温度超过有机薄膜的汽化阈值时,汽化反应发生,图形结构的特征尺寸远低于刻写光斑尺寸。

为了直接在有机薄膜上刻写纳米图形结构,有机薄膜需满足如下基本特征:

(1) 在激光波长处具有合适的吸收系数,这样在激光功率达到毫瓦级时就可产生图形结构;

(2) 刻写光斑具有光热自局域化响应,使图形结构的特征尺寸降低到纳米尺度；

(3) 具有明显的热阈值特征，如汽化阈值、分解阈值或热变形阈值等；

(4) 在毫瓦级功率的激光曝光下，光热阈值效应产生的温度可达 $100 \sim 200 ℃$。

光刻机理通常包括四种类型，分别是热分解、热汽化、热变形和热交联效应。

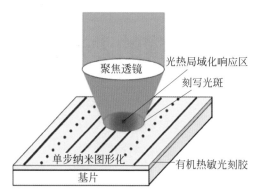

图 6.1　基于有机薄膜的光热自局域化纳米光刻

6.2　基于热汽化与变形的热敏光刻

在所有金属腙配合物中，金属(Ⅱ)-腙螯合物具有良好的溶解度、薄膜形成能力、明显的热分解阈值以及在可见光波长处具有强的非线性响应等特性。相比硫系相变材料，其具有更低的热扩散系数。铜腙螯合物(简称为 CuL_2)是一种低分子量的化合物(并非聚合物)，具有显著的汽化阈值，类似于玻璃转变温度。因此，CuL_2 是一种优异的激光热敏光刻胶。

6.2.1　分子结构分析

CuL_2 可通过醋酸铜(Ⅱ)和腙配体反应合成。相应的结构分析分别如图 6.2(a) 和(b)所示(用红线标记)。图中的黑线表示腙配体的红外光谱，用于对比分析。另外，其特征吸收峰和相应的化学键数据如图 6.2(c)所示。由图可得 CuL_2 的结构与腙配体存在差异如下：

(1) 腙配体中存在三种 $\nu(C=O)$ 羰基化合物，对应三个吸收峰，其中两个峰位于 1732/cm 和 1676/cm，另一个 $\nu(C=O \cdots H)$ 吸收峰位于 1649/cm 处，这是由 $\nu(C=O)$ 和腙氢产生的六环氢键相互作用引起的。相比腙配体，CuL_2 新产生位于 1720/cm 和 1664/cm 的吸收峰，而位于 1649/cm 处的吸收峰消失。

(2) 相比腙配体，在 CuL_2 中，位于 3155/cm 处的 $\nu(N—H)$ 吸收峰消失，而位

于 1301/cm 处的 ν(C—O)振动吸收峰产生。结果表明,螯合过程中,CuL_2 结构由酮腙转变为烯醇偶氮,其中的氢原子被金属离子取代,并形成相应的 ν(Cu—O)离子键。

（3）CuL_2 相比腙配体,位于 1512/cm 处的 ν(C=N—N)吸收峰消失,同时产生位于 1365/cm 处的 ν(N=N)偶氮键吸收峰。由于螯合作用,位于 1608/cm 处的吸收峰迁移到 1576/cm 处,表明氮原子与铜原子配位,即通过羟基的氧原子（或偶氮的氮原子）与铜原子结合形成离子键或配位键最终得到 CuL_2,如图 6.2(a)所示。

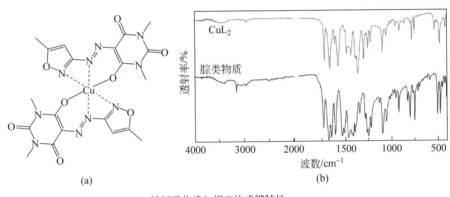

特征吸收峰与相应的成键特性

波数/cm^{-1}	ν(N–H)	ν(C=O)	ν(C=O)	ν(C=O···H)	ν(H–C=N)	ν(C=N–N)	ν(N=N)	ν(C–O)
腙类物质	3155	1732	1676	1649	1608	1512	—	—
Cu(L^1)$_2$	—	1720	1664		1576		1365	1301

(c)

图 6.2　CuL_2 的结构分析[9]

（a）分子结构；（b）红外光谱；（c）特征吸收峰和相应的化学键

6.2.2　热学性质

通过光热自局域化光刻时,CuL_2 需具备热阈值效应。热阈值效应可通过热重（TG）和差热分析（DSC）表征,结果如图 6.3 所示。由如图 6.3(a)所示的 TG 曲线可得,温度升到 240℃时,重量急剧降到约 30%,表明 CuL_2 在 240℃时产生汽化,具有明显的汽化阈值效应。如图 6.3(b)所示的 DSC 曲线表明汽化反应是吸热过程,初始汽化温度为 235℃,峰值汽化温度可达 240.8℃。此外,汽化之前存在结构弛豫和玻璃转变现象。结构弛豫过程中放热,弛豫温度为 210℃。而玻璃转变是吸热过程,玻璃转变温度为 224℃,玻璃转变后发生汽化。结果表明基于玻璃转变和汽化反应的光热结构变化,可直接在 CuL_2 薄膜上制备微纳结构。

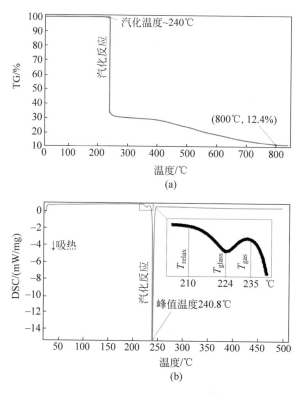

图 6.3　CuL$_2$ 的热学性质[9]

（a）TG 曲线；（b）DSC 曲线

6.2.3　光学性质

CuL$_2$ 薄膜制备方法如下，首先将 CuL$_2$ 溶解于质量浓度为 3%～10% 的丙酮和丙二醇甲醚乙酸酯中，将溶液以 800～1500 转每分钟的速度旋涂在玻璃基片，即可得到所需薄膜。薄膜的表面形貌采用原子力显微镜（AFM）进行表征，结果如图 6.4(a) 中插图所示，其表面粗糙度 RMS＜0.4 nm，表明制备的薄膜均匀且光滑。CuL$_2$ 薄膜的吸收光谱如图 6.4(a) 所示，其吸收峰位于 375 nm 波长处，在 450 nm 处出现带尾，具有强的吸收带。测得的复折射率如图 6.4(b) 所示，其中薄膜厚度为 112 nm，在 405 nm 波长处的折射率和消光系数分别为 $n=1.95$ 和 $k=0.27$，对应的线性吸收系数为 $\alpha_0=4\pi k/\lambda=0.837\times10^7/\mathrm{m}$，吸收系数较高，因此可在毫瓦级功率下实现热敏光刻过程。

为了进行激光热敏光刻，CuL$_2$ 薄膜需要对刻写光斑具有非线性响应，该特性可将有效能量吸收区局限在刻写光斑尺寸之下。在 405 nm 波长下 CuL$_2$ 薄膜的

开孔 z 扫描测试结果如图 6.4(c)所示,非线性吸收系数为 $\beta = +9.8 \times 10^{-3}\,\text{m/W}$,表明 CuL_2 薄膜具有显著的非线性吸收特征。

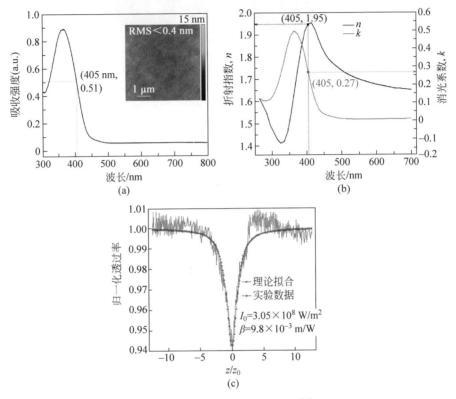

图 6.4　CuL_2 薄膜的光学性质[9]

(a) 可见光波长的吸收光谱;(b) 复折射率与波长的关系曲线;(c) 基于开孔 z 扫描的非线性吸收曲线

6.2.4　光热局域化响应的理论分析

在激光刻写过程中,结构的形成来源于材料对光能量的吸收。吸收的光能量强度可通过公式评估:$Q(r) = \alpha I(r)$,其中 α 表示吸收系数,$I(r) = I_0 \exp(-2r^2/w_0^2)$ 表示刻写光斑强度,光斑半径 w_0 定义为在归一化强度 $1/\mathrm{e}^2$ 处的尺寸。$I_0 = 2P/\pi w_0^2$ 表示 $r = 0$ 时激光强度,P 表示激光功率。对于非线性吸收材料,吸收系数为 $\alpha(r) = \alpha_0 + \beta I(r)$。光吸收能量分布可计算如下:$Q(r) = [\alpha_0 + \beta I(r)]I(r)$。当激光功率 $P = 2.25\,\text{mW}$ 时,径向归一化的能量分布如图 6.5(a)所示(注:计算中其他参数来源于 CuL_2 薄膜)。为了方便对比,也给出了刻写光斑的能量分布曲线。由图可得,光能量吸收区的半高宽降至刻写光斑的 2/3。因此,利用 CuL_2 薄膜的非线性吸收效应可得到低于衍射极限的有效能量吸收斑。

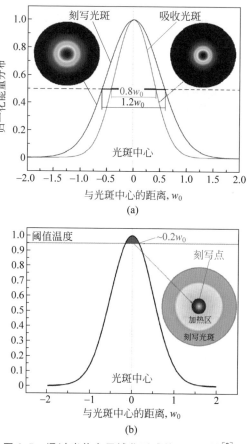

图 6.5　通过光热自局域化形成的图形区域[9]

（a）能量吸收区与刻写光斑的强度分布比较；（b）归一化温度分布图和阈值效应

薄膜吸收激光能量导致温度上升，其温度分布由以下公式表示：$\Delta T(r)=\dfrac{Q(r)}{2\rho C}t_\mathrm{p}$[10]，其中 ρ 和 C 分别表示密度和热容，t_p 表示曝光时间。基于偶氮和偶氮苯薄膜的数据，CuL_2 薄膜的密度和热容分别预估为 $\rho\approx 1.20$ g/cm^3 和 $C\approx 1.20$ J/(g·K)[11]。激光曝光时间设定为 $t_\mathrm{p}=10$ ns，刻写光斑的半径 $w_0=300$ nm。计算的温度分布类似于图 6.5(a)中的光能量吸收分布。$r=0$ 处的最大温度变化约为 228℃。归一化温度分布如图 6.5(b)所示，由于偶氮和偶氮苯薄膜的热扩散系数较低（$D\approx 10^{-7}$ m^2/s），计算过程中可忽略热扩散和热损耗的影响[12]。光热局域化响应的示意图如图 6.5(b)插图所示。当刻写光斑曝光到 CuL_2 薄膜，黄色加热区（能量吸收区）形成，由于非线性吸收效应，加热区尺寸小于刻写光斑大小。加热区的归一化温度分布如图 6.5(b)黑线所示。当加热区的温度超过一定的转变阈值温度，光热变形产生。由于阈值效应，光热变形区尺寸进一步降低到加热区尺寸以下,如图 6.5(b)插图中红色区域所示。基于材料的阈值效应,调节激光功率和脉宽均可降低刻写尺寸。如阈值温度精确调节到最大温度的 95% 时,刻写尺寸可降低到 $0.20w_0$。

6.2.5　光刻的物理图像

在刻写光斑对 CuL_2 薄膜加热的过程中,当温度超过玻璃转变温度($T_g = 224℃$)时,发生光热弹性膨胀。CuL_2 薄膜的加热区不受周围介质局限,可向各个方向自由膨胀,而周围介质将抑制径向方向的膨胀,在加热区产生径向的挤压应力,如图 6.6(a)所示。一般来说膨胀存在两种贡献,分别是沿 z 轴(光轴/薄膜厚度方向)方向的线性热膨胀,以及由径向挤压应力导致的泊松效应[13]。泊松效应会引起材料在自由表面(CuL_2/空气界面)流动,而 CuL_2 与基片之间的刚性界面限制了材料向基片的流动,仅当温度超过 T_g 时,材料流动性随之发生,即自由表面膨胀存在阈值效应。自由表面的膨胀会产生鼓包结构,且由于非线性吸收和玻璃转变阈值效应,鼓包尺寸被局域在纳米尺度。如果能精确调节刻写激光能量使其达到材料的玻璃转变阈值($T = T_g$),则鼓包尺寸可被控制在 $0.2w_0$。一般来说,自由表面膨胀是热弹性变形,在激光关闭后会消失。然而,CuL_2 材料与硫系玻璃类似,其光热膨胀是塑性变形,主要来源于激光曝光的光致流动性[13-15]。由于光致流动性,初始的热弹性变形会通过黏滞流动转变为塑性变形。因此,利用可见光辐照表面使 $T > T_{glass}$,可直接在 CuL_2 薄膜上制备出鼓包型纳米图形。

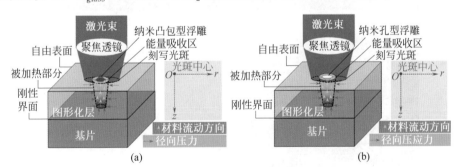

图 6.6　基于光热局域化效应的纳米光刻[9]

(a) 在 $T_{glass} < T < T_{gas}$ 时的纳米鼓包结构;(b) 在 $T \geqslant T_{gas}$ 时的纳米孔结构

然而,当曝光能量增加使 $T > T_{gas}$ 时,材料表面发生汽化。光刻机理可从热变形转变到热汽化,纳米鼓包结构由汽化变为纳米孔结构,如图 6.6(b)所示,纳米孔结构也被称为凹槽结构。当精确调控激光能量时,在 CuL_2 薄膜上可一次性形成凹型和凸型浮雕结构且图形特征尺寸可降低到纳米尺度。

6.2.6 光刻图形结构

人们可以利用尺寸为 600 nm 的刻写光斑进行纳米结构制备。样品结构设计为玻璃基片/金属薄膜/CuL_2 薄膜,其中 Ag 作为金属层用于散热。利用磁控溅射法在玻璃基片上沉积 Ag 薄膜,再利用旋涂法在 Ag 薄膜上沉积一层 CuL_2 薄膜。

1. 热形变诱导的凸起型结构

典型的凸起型结构如图 6.7 所示。半高宽尺寸为 (47 ± 5) nm 的点阵结构如图 6.7(a) 所示,其刻写激光功率和脉宽分别为 $P=2.10$ mW 和 $t_p=11$ ns,相应的刻写激光能量($E=P\times t_p$)约为 23.0 pJ,由三维插图可得,点状结构排布均匀,且特征尺寸为 (47 ± 5) nm,仅为刻写光斑尺寸的 1/12。进一步优化实验参数,如刻写功率和脉宽,点阵结构的特征尺寸可降低到 (31 ± 3) nm,如图 6.7(b) 所示。这里采

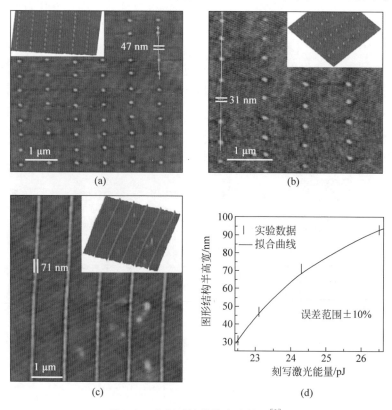

图 6.7 凸起型结构的实验结果[9]

(a) 当激光能量约为 23.0 pJ 时,特征尺寸为 (47 ± 5) nm 的点阵结构; (b) 当激光能量约为 22.5 pJ 时,特征尺寸为 (31 ± 3) nm 的点阵结构; (c) 当激光能量约为 24.0 pJ 时,特征尺寸为 (71 ± 7) nm 的线光栅结构; (d) 图形的特征尺寸与激光能量的关系曲线

用的激光功率和脉宽分别约为 $P = 3.25$ mW 和 $t_p = 7$ ns,刻写激光能量约为 22.5 pJ。点阵的三维图像如图 6.7(b)插图所示。

线型结构也可直接刻写在 CuL_2 薄膜上,如图 6.7(c)所示,其中激光能量约为 24.0 pJ。由插图可得,其特征线宽为 (71 ± 7) nm,仅为刻写光斑的 1/8。特征尺寸与激光能量的关系曲线如图 6.7(d)所示,表明通过降低激光能量,可减小图形特征尺寸。然而,由于图形对比度较低,特征尺寸不能无限减小。另外,图 6.7 的结果也表明光刻过程稳定,制备的图形结构排布均匀,其最小特征尺寸为 31 nm,远低于刻写光斑尺寸,仅为光斑尺寸的 1/20。

2. 热汽化诱导的凹型结构

基于图 6.6 的光热局域化效应的纳米光刻示意图,通过调节激光能量(包括激光功率和脉宽)可将图形形状从凸型变为凹型结构。激光能量约为 40.5 pJ 时的凹型浮雕光栅结构如图 6.8(a)所示,其特征尺寸为 (118 ± 12) nm,约为刻写光斑尺寸的 1/6。当激光能量增加时,凹型结构的特征尺寸变大。激光功率和脉宽分别为 1.55 mW 和 30 ns 时的凹型孔状结构如图 6.8(b)所示,其刻写激光能量约为 46.5 pJ,特征尺寸为 (165 ± 16) nm。特征尺寸与刻写激光能量的关系曲线如图 6.8(c)所示,拟合结果表明结构的特征尺寸随着刻写激光能量的减小而线性降低。

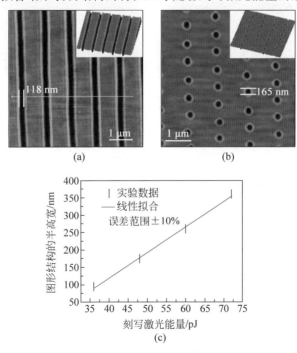

图 6.8 凹型结构[9]

(a) 特征尺寸为 (118 ± 12) nm 的凹槽结构;(b) 特征尺寸为 (165 ± 16) nm 的孔结构;(c) 特征尺寸与刻写激光能量的关系曲线

调节激光能量,图形结构可由凸型变为凹型,并伴随光刻机理由热变形转变为热汽化。图 6.9(a)~(d)给出了同心圆和齿轮结构的复杂图形,激光能量增加时,凸起型同心圆变为凹型结构,凸起型微齿轮图案变为凹型微齿轮结构。

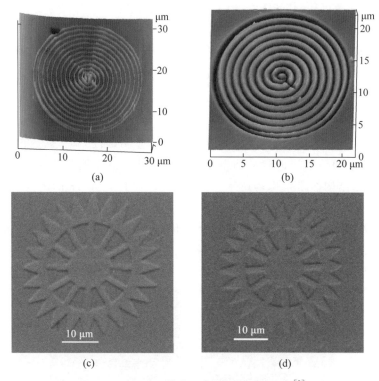

图 6.9 在 CuL_2 薄膜上进行复杂图形光刻[9]

(a) 凸起型和(b) 凹型同心圆的 AFM 图;(c) 凸起型和(d) 凹型微齿轮的 SEM 图

6.3 热汽化诱导的一次性光刻

激光热敏曝光的瞬间,曝光区的中心和周围存在较大的瞬时温度差。当超过热汽化阈值温度后,热敏光刻胶通过热挥发过程而被移除,可直接形成图形结构,无需显影过程。由于经历汽化过程的高温区直径远小于光斑尺寸,图形结构的特征尺寸也小于激光光斑。

直接汽化诱导的图形化工艺流程如图 6.10 所示。首先,将有机热敏光刻胶旋涂在基片上,其次,将具有高斯分布特性的激光光斑曝光在有机热敏光刻胶薄膜上。该薄膜吸收激光能量并被加热,由于激光的高斯分布特性,光斑中心温度高于其他区域。当光斑中心区域温度高于薄膜的汽化阈值时,中心部分发生汽化,从而在有机薄膜上直接得到孔或凹槽结构。中心汽化区域远小于光斑大小,因此结构特征尺寸远小于激光光斑。有机薄膜上的结构可通过干法刻蚀(如 RIE 和 ICP)进一步转移到基片上,剩余的有机热敏光刻胶通过湿法刻蚀技术直接移除,在基片上最终形成图形结构。

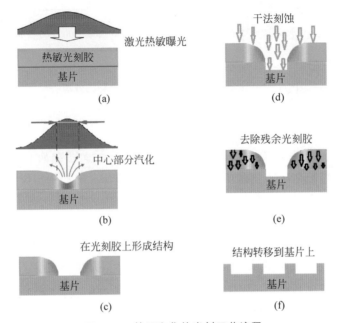

图 6.10　基于汽化的光刻工艺流程

(a) 激光热敏曝光;(b) 中心区被汽化;(c) 孔结构形成;(d) 干法刻蚀转移;(e) 移除残余光刻胶;
(f) 在基片上形成图形结构

通常,有机热敏光刻胶需要具备以下性质。

(1) 明显的热汽化阈值特性,温度低于阈值时,光刻胶不产生熔化现象。若光刻胶熔化,图形结构随之展宽,分辨率降低。因此,需要设计一种材料,在汽化区域周围,该材料可在结构成型后迅速固化。

(2) 具有较高的汽化温度,这样能提高结构形成时激光光斑中心区域的温度,实现尖锐的峰值温度分布。

(3) 光刻胶材料自身可作为光学元件,通过基片刻蚀增加光刻胶的潜在应用。

(4) 光刻胶在刻蚀气体中具有抗刻蚀特性和较低的刻蚀速率。

一种含有阴离子共轭紫罗碱盐化合物的有机热敏光刻胶如图 6.11(a)所示,其中 Ar 为含有芳香烃的芳基;Z 为用于锐聚焦的 oxonol 结构并进行有效光热转换。在 405 nm 波长处的复折射率分别为 $n=2.0$ 和 $k=0.04$。基于热重(TG)和差热分析法(DTA)的热分析结果如图 6.11(b)所示,由图可得在 530 K 具有明显的汽化阈值。

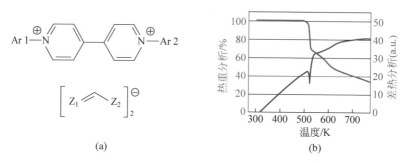

（a）　　　　　　　　　　　　　　　（b）

图 6.11　含阴离子共轭紫罗碱盐化合物的性质[16]
（a）化学结构；（b）热学性质

基于阴离子共轭紫罗碱盐化合物的有机热敏光刻胶可溶解于氟醇溶液。光刻胶薄膜可通过旋涂技术沉积在基片上，图形结构制备工艺步骤如下：

（1）通过短激光脉冲和高功率激光刻写图形结构，增加刻写区域中心和周围的温差；

（2）干法刻蚀。

在不同基片上直接汽化制备的图形结构如图 6.12 所示。该结构通过高速旋转激光热敏光刻系统制备，采用的激光波长为 405 nm，光斑尺寸为 580 nm，最大旋转速度为 10000 转/分，6 英寸基片加工时间仅 3 min。基于阴离子共轭紫罗碱盐化合物薄膜上制备的点阵结构如图 6.12(a) 所示，其中激光的脉宽为 4 ns，激光功率为 3 mW，线性扫描速度为 4 m/s。从插图中可看到点结构尺寸为 60 nm，仅约为光斑尺寸的 1/10。热敏光刻胶上的点阵结构可通过干法刻蚀转移到 Si 基片上，得到蛾眼结构，如图 6.12(b) 所示。这里采用的刻蚀气体为 SF_6，Si 与光刻胶的刻蚀选择比为 2.5。

通过薄网络结构还可在 SiO_2 薄膜上制备图形，如图 6.12(c) 所示。制备流程如下：

（1）制备具有多层结构的样品，即 Si 基片/SiO_2 薄膜/有机热敏光刻胶；

（2）通过激光直接诱导汽化效应在有机热敏光刻胶上形成孔结构；

（3）在 SiO_2 薄膜上利用 SF_6 气体进行反应离子刻蚀制备网络结构；

（4）移除 SiO_2 薄膜与 Si 基片之间的 Si 材料；

（5）从 Si 基片上剥离出网络结构，得到 SiO_2 网络图形结构。

利用 SiO_2 网络，可得到深矩形结构，如图 6.12(d) 所示，这里采用具有高深宽比刻蚀特性的 ICP-RIE 进行图形转移。在蓝宝石基片上制备的点阵结构如图 6.12(e) 所示，这里采用 SiO_2 网状结构层作为掩模层，ICP-RIE 为刻蚀手段。

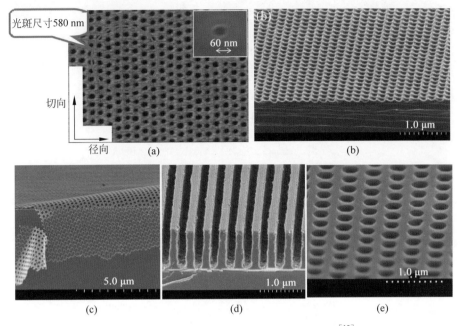

图 6.12　直接汽化法制备的图形结构 SEM 图[16]

(a) 在阴离子共轭化合物光刻胶上制备的孔结构；(b) 在 Si 基片上制备的深度为 100 nm 的蛾眼结构；
(c) SiO$_2$ 薄网络结构；(d) 900 nm 深度的深凹槽结构；(e) 在蓝宝石基片上制备的 90 nm 深度的点结构

6.4　基于热交联效应的光刻

6.4.1　聚焦光斑诱导局域曝光后烘技术

SU8 是一种常见的光敏模式负型环氧树脂光刻胶材料,其中的光酸产生剂在曝光后可产生大量的 H$^+$。曝光后,需要进行后烘(PEB)过程,使热交联反应充分完成。热交联反应过程中,光酸产生剂作为一种催化剂,PEB 过程采用聚焦激光光斑加热的方式,由于其光吸收特性,SU8 光聚合的热交联过程可通过聚焦激光光斑加热来辅助完成,即聚焦光斑诱导的局部 PEB(FL-PEB)。FL-PEB 过程在光致曝光期间进行,当聚焦激光能量超过一定阈值时,可得到光聚合结构。

一般来讲,标准的 PEB 过程如图 6.13(a)所示,其中的热盘用于加热并烘烤曝光后的样品,温度为 95℃。计算模拟表明,标准的 PEB 过程会由于衍射效应和聚积效应导致大尺寸结构。FL-FEB 过程如图 6.13(b)所示,热源来自 532 nm 波长连续激光。相比于标准 PEB,FL-PEB 能得到精细且均匀的结构,这是由于使用热

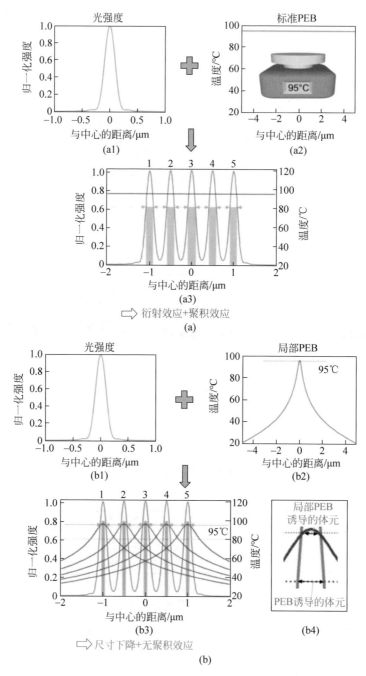

图 6.13　通过 PEB 进行 SU8 的热交联反应的模拟结果[17]

（a）标准 PEB（(a1)单次曝光光斑的强度分布图；(a2)在 95℃ 热盘上样品的温度分布图；(a3)多次曝光的强度分布图(绿线：左轴,对应的结构；红线：对应于右轴,热盘温度))；(b) FL-FEB((b1)单次曝光光斑的强度分布图；(b2)基于聚焦激光光斑的温度分布图；(b3)多次曝光的强度(绿线：左轴)和温度分布图(红线：右轴)；(b4)标准 PEB 和 FL-PEB 的对比图)

盘进行标准 PEB 过程得到的结构是由光斑强度分布决定的；而在 FL-PEB 中,仅在有效温度区域的材料才会被光聚合,因此消除了聚积效应,得到的图形结构的特征尺寸也会明显下降。

不同聚焦深度和激光功率下,局部峰值温度的计算结果如图 6.14(a)所示,其中的插图是温度随激光($P = 5$ mW)加热时间的变化曲线。聚焦深度与温度的关系曲线表明 FL-PEB 工艺可制备出均匀的深亚波长三维结构。实验结果如图 6.14(b)所示,首先将 SU8 光刻胶旋涂在基片上,再将旋涂的样品进行软烘去除残余溶剂。曝光后,若采用标准的 PEB,将光刻样品放在热盘上进行后烘;若采用 FL-PEB,532 nm 波长激光束聚焦并扫描样品。对比结果表明,使用 FL-PEB 方法的柱结构尺寸小于标准 PEB 结果。FL-PEB 工艺能克服聚积效应,通过 FL-PEB 工艺制备的柴堆结构如图 6.14(c)所示。

6.4.2　不同曝光功率诱导的光敏光刻与热敏光刻转变

S1805(或 S1818)是一种正性光刻胶,在 532 nm 波长处的吸收系数为 $1.2 \times 10^5 \, \mathrm{m}^{-1}$。S1805 光刻胶可用于光敏和热敏光刻。热敏光刻得到的图形特征尺寸小于光敏光刻的特征尺寸。

S1805 光刻胶可通过旋涂方式沉积在基片上,然后在 115℃ 的热盘上软烘 1 min 去除溶剂分子。S1805 光刻胶吸收系数随退火温度变化曲线如图 6.15(a)所示,可以看出在玻璃转变温度(156℃)以下时的吸收系数为 $1.2 \times 10^5 \, \mathrm{m}^{-1}$,而玻璃转变温度以上的吸收系数迅速增加,即 S1805 光刻胶的玻璃转变温度为 156℃。当温度低于 156℃ 时,S1805 光刻胶是一种正性光敏光刻胶,曝光功率为毫瓦级;当温度超过 156℃ 时,S1805 光刻胶成为一种热敏光刻胶,也就是说,可通过增加激光功率来实现光敏光刻胶向热敏光刻胶的转变。

理论分析结果如图 6.15(b)所示,采用 532 nm 波长激光和 NA 为 1.3 浸油物镜的聚焦激光系统得到聚焦激光光斑,其半高宽为 200 nm,如图 6.15(b)的蓝线所示。激光热敏光刻过程中,若增加激光功率,光斑中心诱导的加热区域温度高于玻璃转变温度,中心区域局部固化,热交联反应发生。归一化热分布如图 6.15(b)红线所示,由图可得归一化热分布相对于光强分布变宽。然而,插图表明仅在细微区域的温度超过热交联/玻璃转变阈值从而实现热敏光刻。光刻尺寸远小于聚焦光斑大小。

通过增加激光功率,从光敏光刻到热敏光刻的转变原理如图 6.16(a)所示。S1805 光刻胶旋涂在玻璃基片上并采用聚焦光斑曝光,如图 6.16(a1)所示。曝光功率为微瓦级时,光敏光刻过程发生,S1805 光刻胶溶于 AZ351B 显影液,是一种正性光刻胶,如图 6.16(a2)所示。激光功率增加到毫瓦级时,光斑中心的温度高于

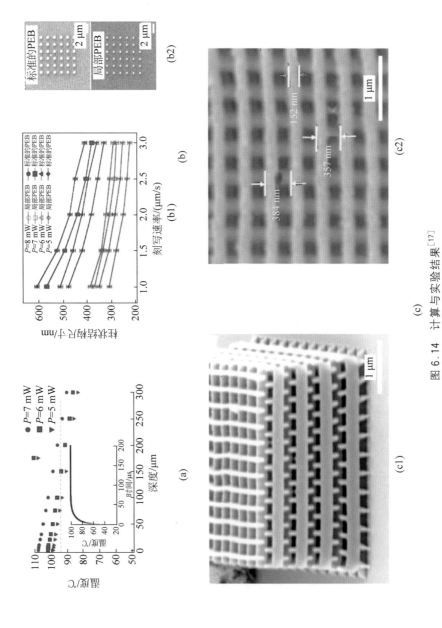

图 6.14　计算与实验结果[17]

(a) 温度与时间和深度的关系曲线（计算结果）。(b) 实验结果：(b1) 柱结构尺寸随刻写速率和激光功率（5～8 mW）的关系；(b2) 基于 8 mW 激光功率和 1 m/s 刻写速率条件下制备的两种结构，一种是通过标准 PEB，另一种是通过 FL-PEB 得到的柴堆结构；(c) 通过 FL-PEB 得到的柴堆结构：(c1) 三维图像；(c2) 上表面图像

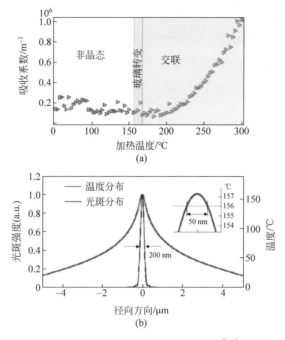

图 6.15　S1805 光刻胶的光热性质[18]

(a) 在 532 nm 波长处的吸收系数随退火温度变化曲线；(b) 激光加热诱导的温度分布(红线)和强度分布图(黑线)

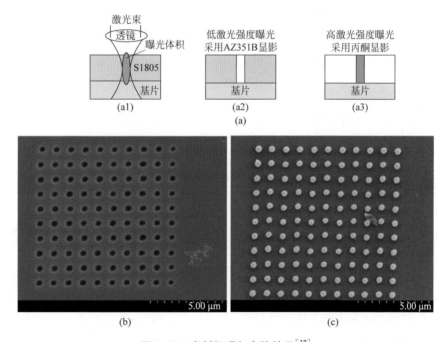

图 6.16　光刻机理与实验结果[18]

(a) S1805 光刻胶从光敏光刻到热敏光刻的转变特征；通过光敏光刻(b)和热敏光刻(c)在 S1805 光刻胶薄膜上制备的图形结构

玻璃转变温度，并激活热交联反应实现热敏光刻，S1805 光刻胶的曝光区不能溶解于 AZ351B 显影液或丙酮中，而非曝光区溶解。S1805 光刻胶作为一种负性热敏光刻胶，如图 6.16(a3)所示。图 6.16(b)和(c)分别为光敏曝光和热敏曝光得到的凹形孔和凸起型结构。

6.5　本章小结

激光热敏光刻时，有机薄膜具有诸多优势。部分材料的图形结构可直接刻写在有机薄膜上而无需显影过程。图形结构的形成可通过多种物理效应实现，如热致汽化、热交联、热鼓包效应。通过调节激光能量可使正性光刻胶转变为负性光刻胶，而激光功率大小仅为毫瓦级别。相比无机热敏光刻胶，有机薄膜具有更高的光透过率，可直接作为微纳结构光学元件。

参考文献

[1] DUN A,WEI J,GAN F. Laser direct writing pattern structures on AgInSbTe phase change thin film[J]. Chin. Opt. Lett. ,2011,9：082101.

[2] WEI J,ZHANG K,WEI T,et al. High-speed maskless nanolithography with visible light based on photothermal localization[J]. Sci. Rep. ,2017,7：43892.

[3] CHEN Z,WU Y,HUANG F,et al. Optical properties of nickel(Ⅱ)-azo complexes thin films for potential application as high-density recordable optical recording media[J]. Solid State Commun. ,2007,141(1)：1-5.

[4] WU H W,LI M C,YANG C T,et al. Organic thermal mode photoresists for applications in nanolithography[J]. Supplemental Proceedings：Materials Processing and Interfaces,2012, 1：663-668.

[5] DENG C,GENG Y,WU Y. New calix[4]arene derivatives as maskless and development-free laser thermal lithography materials for fabricating micro/nano-patterns[J]. J. Mater. Chem. C,2013,1(13)：2470-2476.

[6] ZHANG K,CHEN Z,GENG Y,et al. Nanoscale-resolved patterning on metal hydrazone complex thin films using diode-based maskless laser writing in the visible light regime[J]. Chin. Opt. Lett. ,2016,14(5)：051401.

[7] SAKAI T,SHIMO M,TAKAMORI N,et al. Resin material dependence of pit shape in thermal direct mastering[J]. Jpn. J. Appl. Phys. ,2007,46(6S)：3942-3944.

[8] KUWAHARA M,KIM J H,TOMINAGA J. Dot formation with 170-nm dimensions using a thermal lithography technique[J]. Microelectronic Engineering,2003,67：651-656.

[9] ZHANG K,CHEN Z,WEI J,et al. A study on one-step laser nanopatterning onto copper-hydrazone-complex thin films and its mechanism[J]. Phys. Chem. Chem. Phys. ,2017,

19(20)：13272-13280.

[10]　LIU S，WEI J，GAN F. Optical nonlinear absorption characteristics of crystalline Ge2Sb2Te5 thin films[J]. J. Appl. Phys. ，2011，110：033503.

[11]　KOZAK G D，VASIN A Y，D'YACHKOVA A V. Estimating the explosion hazard of aromatic azo compounds[J]. Combustion，Explosion and Shock Waves，2008，44（5）：579-582.

[12]　HE T，CHENG Y，DU Y，et al. Z-scan determination of third-order nonlinear optical nonlinearity of three azobenzenes doped polymer films[J]. Opt. Commun. ，2007，275：240-244.

[13]　ZHAO D，JAIN H，MALACARNE L C，et al. Role of photothermal effect in photoexpansion of chalcogenide glasses[J]. Phys. Status Solidi B，2013，250：983-987.

[14]　TANAKA K，SAITOH A，TERAKADO N. Giant photo-expansion in chalcogenide glass [J]. J. Optoelectronics Adv. Mater. ，2006，8：2058-2065.

[15]　YANNOPOULOS S N，TRUNOV M L. Photoplastic effects in chalcogenide glasses：a review[J]. Phys. Status Solidi B，2009，246：1773-1785.

[16]　USAMI Y，WATANABE T，KANAZAWA Y，et al. 405 nm laser thermal lithography of 40 nm pattern using super resolution organic resist material[J]. Appl. Phys. Express，2009，2(12)：126502.

[17]　NGUYEN D T T，TONG Q C，LEDOUX-RAK I，et al. One-step fabrication of submicrostructures by low one-photon absorption direct laser writing technique with local thermal effect[J]. J. Appl. Phys. ，2016，119(1)：013101.

[18]　TONG Q C，NGUYEN D T T，DO M T，et al. Direct laser writing of polymeric nanostructures via optically induced local thermal effect[J]. Appl. Phys. Lett. ，2016，108(18)：183104.

透明薄膜的激光热敏光刻

7.1 引言

　　微纳光学元件,如超透镜和超表面器件,在光电子领域越来越受到重视。这类光学器件一般可通过光刻法直接在透明薄膜或基片上加工出微纳结构获得。然而,由于透明薄膜在刻写激光波长处吸收系数较低,传统的光刻方法很难直接在透明材料上进行微纳结构加工。人们可以通过光吸收层的辅助,采用激光热敏光刻技术在透明薄膜上制备微纳结构。本章以 ZnS-SiO$_2$ 薄膜作为透明材料,利用不同的光吸收层在 ZnS-SiO$_2$ 薄膜上制备了不同的微纳结构。

7.2　透明薄膜的激光热敏光刻原理

　　透明薄膜的微纳结构光刻可以借助光吸收层的相变潜热释放特性和相变阈值效应,通过激光诱导光吸收层发生亚微米(或纳米)尺度的相变,从而透明薄膜被用作激光热敏光刻胶,应用于数据存储的蓝光光盘制备。激光诱导相变的物理图像如图 7.1(a)所示,刻写激光波长为 405 nm。首先在玻璃基片上沉积一层光吸收薄膜,一束准直激光聚焦到光吸收薄膜上,聚焦激光的强度为高斯分布,如图 7.1(a1)所示。薄膜吸收激光能量并被加热到相变阈值温度,基于相变阈值效应,通过精确调控激光功率和曝光时间来控制相变区尺寸。利用合适的峰值激光强度加热光吸收薄膜到相变阈值温度,可得到亚微米(或纳米尺度)的相变区。也就是说,在激光光斑中心得到亚微米(或纳米尺度)的相变区,相变过程中同时伴随着相变潜热的释放。在硫系相变材料中,由于晶态结构的能量低于亚稳非晶相,从非晶态到晶态的相变过程可释放结构潜热,如图 7.1(a2)所示。

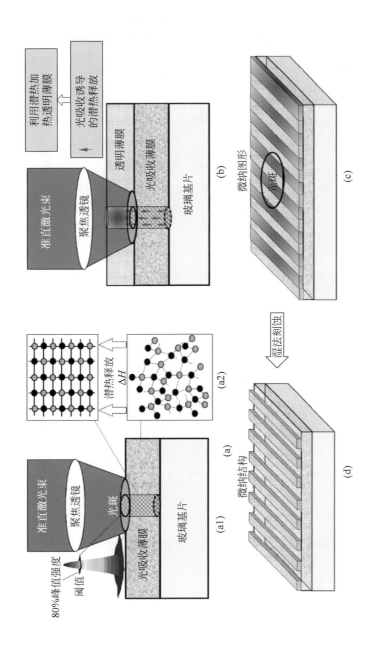

图 7.1 相变潜热诱导透明薄膜微纳光刻原理[1]

（a）激光诱导光吸收薄膜局域相变示意图（（a1）光斑强度分布，（a2）结构变化并伴随相变潜热释放）；（b）光吸收薄膜通过释放潜热来使透明薄膜温度升高；（c）在透明薄膜上制备微纳图形；（d）湿法刻蚀后的微纳结构

143

基于图 7.1(a)的启发,本章提出基于光吸收薄膜释放相变潜热来诱导透明薄膜微纳光刻的物理思想。其基本思想如下：首先,将透明薄膜沉积到光吸收层表面,如图 7.1(b)所示。随后,激光束聚焦成衍射极限光斑(刻写光斑)曝光到光吸收薄膜上,刻写光斑能量被吸收并加热光吸收薄膜。由于激光强度具有高斯分布特性,如图 7.1(a1)所示,光斑中心的强度最大,其加热光吸收薄膜到相变阈值温度。在相变阈值温度区发生显著的结构变化,该结构变化会释放出相变潜热,释放出的相变潜热加热上层的透明薄膜,使其发生结构转变,从而使微纳图形被刻写(曝光)在透明薄膜上,如图 7.1(c)所示。由于光吸收薄膜的相变阈值效应,透明薄膜上的微纳图形的特征尺寸可调节到光斑以下。基于曝光与非曝光区在酸/碱性溶液中的湿刻选择性,在透明薄膜上的微纳图形可进一步被显影,大面积微纳结构呈现在透明薄膜上,如图 7.1(d)所示,其特征尺寸小于刻写光斑大小。

7.3 透明薄膜的光热性质

为了在透明薄膜上进行光刻,需了解其光热性质。这里以 ZnS-SiO$_2$ 透明薄膜为例,ZnS-SiO$_2$ 薄膜在可见光与红外波段范围内透过率高,热导率较低(0.67 W/(m·K))。低热导率特性可有效抑制径向热扩散,减小图形的特征尺寸。另外研究表明,ZnS-SiO$_2$ 薄膜的湿刻选择性随温度降低而减小。这是由于 ZnS-SiO$_2$ 薄膜的结构变化与温度变化线性相关,无任何阈值效应。沉积态 ZnS-SiO$_2$ 薄膜的DSC 结果如图 7.2 所示,由图可得在 100℃ 具有起始转变点,随后薄膜结构随温度升高持续变化,在 220℃ 出现最大放热峰(T_{ex}),表明 ZnS-SiO$_2$ 薄膜无明显的热阈值效应。在 220℃ 时发生显著的结构重排,表明温度高于 220℃ 时,ZnS-SiO$_2$ 薄膜具有最大的湿刻选择性。

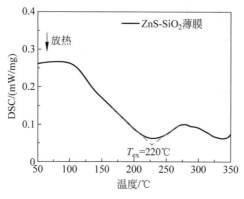

图 7.2 ZnS-SiO$_2$ 薄膜的 DSC 曲线[1]

　　利用椭圆偏振光谱仪研究了 ZnS-SiO$_2$ 薄膜的光学常数,包括折射率 n 和消光系数 k,如图 7.3 所示。由图可得折射率和消光系数随波长增加而减小。一般而言,激光波长为 405 nm。然而,在 405 nm 波长处的折射率和消光系数分别为 2.1 和 0.014。消光系数低(0.014)意味着吸收系数低,低的吸收系数不利于直接在 ZnS-SiO$_2$ 薄膜上进行微纳结构的制备,而高折射率可使其在超表面光学元件上具有潜在应用价值。因此,如何在透明薄膜上制备出微纳结构的超表面光学元件值得深入研究。

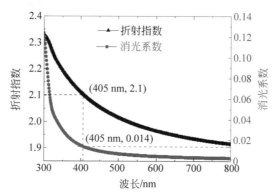

图 7.3　ZnS-SiO$_2$ 薄膜的光学常数(Si 作为基片)

7.4　ZnS-SiO$_2$ 薄膜的选择性湿刻机理

7.4.1　键合模型

　　研究人员发现 ZnS-SiO$_2$ 薄膜可作为正性激光热敏光刻胶。为了理解激光热敏光刻的结构转变机理,沉积态和激光曝光态的 ZnS-SiO$_2$ 薄膜的 XRD 曲线如图 7.4 所示,其中激光功率密度为 1.4×10^6 W/cm^2,曝光时间为 500 ns。由图可得该薄膜在沉积态和曝光态时均具有非晶态结构。因此,ZnS-SiO$_2$ 薄膜在激光作用后并未产生相变。

　　为了进一步研究 ZnS-SiO$_2$ 薄膜在激光曝光前后的结构变化,人们可以借助 XPS 来分别表征 ZnS-SiO$_2$ 薄膜中 Si、O、S 和 Zn 的化学态。另外,分析 ZnS-SiO$_2$ 薄膜在氢氟酸溶液中显影后的化学键特征。激光曝光 500 ns 及在氢氟酸溶液中显影 5 s 时的 ZnS-SiO$_2$ 薄膜 Si $2p$ 和 O $1s$ 化学态的 XPS 结果如图 7.5 所示,具体化学键的能量见表 7.1。沉积态 ZnS-SiO$_2$ 薄膜的 Si $2p$ 化学态键的能量峰分别位于 102.68 eV 和 101.96 eV,如图 7.5(a)和表 7.1。然而,[SiO$_4$]四面体网络中

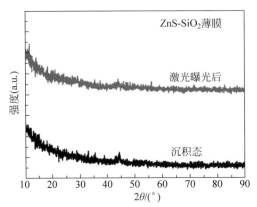

图 7.4　ZnS-SiO$_2$ 薄膜的 XRD 图（黑线：沉积态；红线：激光曝光态），激光功率密度为
1.4×10^6 W/cm^2，曝光时间为 500 ns[2]

Si 2p 键能为 $103 \sim 103.5$ eV[3-4]。另外，Si 2p 键能随着氧含量降低而减小，因此
沉积态 ZnS-SiO$_2$ 薄膜中不存在[SiO$_4$]四面体结构。相关研究表明沉积态 ZnS-
SiO$_2$ 薄膜的 Si 以[SiS$_n$O$_{4-n}$]四面体形式存在[5]。部分 S 原子替代[SiO$_4$]四面体的
O 原子。因此，[SiS$_n$O$_{4-n}$]四面体网络中的 O 含量降低，其 Si 2p 键能低于 $103 \sim$
103.5 eV。另外，[SiS$_n$O$_{4-n}$]四面体引入 S 原子会形成新的 Si—S 键，其键能位于
101.96 eV[6]。当沉积态薄膜被功率为 1.4×10^6 W/cm^2 的激光能量曝光后，
Si 2p 的键能分别移向 102.34 eV 和 101.61 eV，这可能是薄膜中更多的 S 原子用
于替代[SiS$_n$O$_{4-n}$]四面体的 O 原子。在氢氟酸溶液中显影 5 s 后，辐照样品中 Si
的化学键信号相比沉积态样品变弱。这些结果表明在激光曝光后，沉积态 ZnS-
SiO$_2$ 薄膜中的[SiS$_n$O$_{4-n}$]四面体更容易被氢氟酸溶液湿刻。

　　O 1s 化学态的 XPS 可用于进一步研究激光辐照对 ZnS-SiO$_2$ 薄膜的影响，结
果如图 7.5(b)所示。具体的化学键能量见表 7.1。由表可得沉积态 ZnS-SiO$_2$ 薄
膜中 O 1s 化学态的键能位于 530.83 eV 和 531.58 eV。一般来说，[SiO$_4$]四面体
网络的 O 1s 键能为 532.5 eV[3-4]。这也表明沉积态 ZnS-SiO$_2$ 薄膜中不存在
[SiO$_4$]四面体网络。O 1s 化学态的低键能为 531.58 eV，是由于 S 原子替代了
[SiO$_4$]四面体中的 O 原子。另外，位于 530.83 eV 的键能对应于 Zn—O 键，表明形
成了 ZnS：O 晶粒[3]。当 ZnS-SiO$_2$ 薄膜被辐照后，O 1s 化学态的峰位置移向
531.12 eV 和 531.60 eV。这可能是更多的 S 原子替代了[SiO$_4$]四面体中的 O 原
子，同时，更多的 O 原子与 Zn 原子结合。因此，激光辐照后的 Zn—O 键能为
531.12 eV，略高于沉积态样品。当样品被湿刻 5 s 后，具有更多 S 原子的
[SiS$_n$O$_{4-n}$]四面体更容易溶解于氢氟酸溶液中，Zn—O 键在氢氟酸溶液中被破
坏。剩余的 O 原子以高度化学无序的 ZnS：O 晶粒形式存在[5]。由于 Zn—S 键

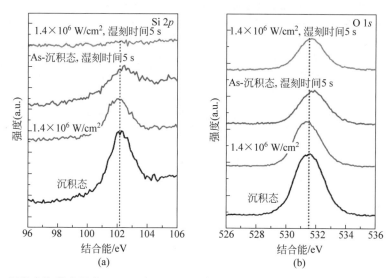

图 7.5　沉积态和激光曝光 500 ns 时,(a)Si 2p 和(b)O 1s 元素的 XPS 曲线,其中激光功率密度为 1.4×10^6 W/cm^2,所有样品随后在氢氟酸溶液中湿刻 5 s

的形成,ZnS:O 晶粒的溶解度逐渐降低。

ZnS-SiO$_2$ 薄膜的 Zn 2p 和 S 2p 化学态对于清晰理解其结构变化和湿刻选择性也至关重要。激光曝光 500 ns 且在 0.55 mol/L 的氢氟酸溶液中湿刻 5 s 的 Zn 2p 和 S 2p 化学态的 XPS 结果如图 7.6 所示,具体化学键能量见表 7.1。Zn 2p 化学态的峰位置位于 1021.98 eV,归因于 Zn—S 或 Zn—O 键,如图 7.6(a) 所示[3,7]。研究表明沉积态 ZnS-SiO$_2$ 薄膜具有化学无序的 ZnS:O 结构[5]。Zn 2p 峰位置在激光曝光 500 ns 后无明显变化。当薄膜在浓度为 0.55 mol/L 氢氟酸溶液中湿刻 5 s 后,峰位置相比湿刻前也无明显变化。然而,由于部分 Zn—O 键破坏,Zn 2p 峰强度较湿刻前变弱。

表 7.1　ZnS-SiO$_2$ 薄膜中 Zn 2p、S 2p、Si 2p 和 O 1s 元素的键能(其中激光功率密度为 1.4×10^6 W/cm^2,曝光时间为 500 ns,随后样品在 0.55 mol/L 氢氟酸溶液中湿刻 5 s。所得数据均通过高斯拟合方法获得[4,6])

元素结合能	ZnS-SiO$_2$ 薄膜			
	Zn 2$p_{3/2}$/eV	S 2p/eV	Si 2p/eV	O 1s/eV
湿刻前				
沉积态	1021.98	161.8	102.68	530.83
		163.1	101.96	531.58

续表

元素结合能	ZnS-SiO$_2$ 薄膜			
	Zn 2$p_{3/2}$/eV	S 2p/eV	Si 2p/eV	O 1s/eV
1.4×10^6 W/cm^2	1021.98	161.77	102.34	531.12
		163.07	101.61	531.60
湿刻后(在浓度为 0.55 mol/L 的氢氟酸溶液中湿刻 5 s)				
沉积态	1022.18	161.96	102.60	531.80
		163.29	101.76	
1.4×10^6 W/cm^2	1022.98	161.91	—	531.65
		163.21		

S 2p 化学态的 XPS 曲线如图 7.6(b)所示,其具体化学键能量见表 7.1。由图可得位于 161.8 eV 和 163.1 eV 的峰分别对应于 Zn—S 键[7]和 Si—S 键[6]。激光曝光后,峰位置无显著变化。然而,当样品被氢氟酸溶液湿刻后,相较沉积态样品,激光曝光样品 S 2p 化学态的信号变弱,这是由于更多 Si—S 键的溶解与破坏。

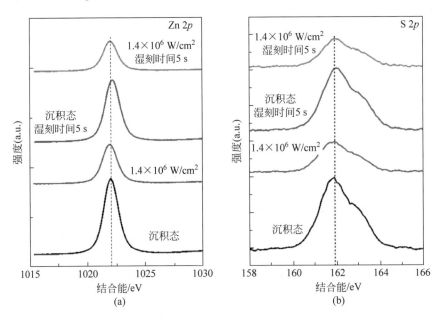

图 7.6　沉积态和激光辐照态的 ZnS-SiO$_2$ 薄膜

(a)Zn 2p 和(b)S 2p 元素的 XPS 曲线,其中曝光时间为 500 ns,激光功率密度为 1.4×10^6 W/cm^2,所有样品随后在氢氟酸溶液中湿刻 5 s

基于以上分析,ZnS-SiO$_2$ 薄膜的湿刻选择性机理如下,沉积态 ZnS-SiO$_2$ 薄膜存在[SiS$_n$O$_{4-n}$]四面体和 ZnS：O 晶粒。当沉积态薄膜放置于氢氟酸溶液中,[SiS$_n$O$_{4-n}$]四面体溶解：

$$SiS_nO_{4-n} + HF \xrightarrow{\text{湿刻}} SiF_4 + H_2S + H_2O \tag{7.1}$$

然而,由于 Zn—S 键的形成,ZnS：O 晶粒具有较低的溶解度。激光曝光后,部分[SiS$_n$O$_{4-n}$]四面体网络的氧原子与 ZnS：O 晶粒的硫原子交换,形成[SiS$_{n+1}$O$_{3-n}$]四面体和 ZnO 晶粒：

$$SiS_nO_{4-n} + ZnS：O \xrightarrow{\text{激光曝光}} SiS_{1+n}O_{3-n} + ZnO \tag{7.2}$$

因此,激光曝光的 ZnS-SiO$_2$ 薄膜不仅存在[SiS$_n$O$_{4-n}$]四面体和 ZnS：O 晶粒,还同时存在[SiS$_{n+1}$O$_{3-n}$]四面体和 ZnO 晶粒。

当激光曝光样品放置于氢氟酸溶液中,[SiS$_n$O$_{4-n}$]和[SiS$_{n+1}$O$_{3-n}$]四面体分解成 SiF$_4$ 和 H$_2$S,而 ZnO 转变成 ZnF$_2$,即发生以下反应：

$$SiS_{1+n}O_{3-n} + HF \xrightarrow{\text{湿刻}} SiF_4 + H_2S + H_2O \tag{7.3}$$

$$ZnO + HF \xrightarrow{\text{湿刻}} ZnF_2 + H_2O \tag{7.4}$$

然而,由于更多 Si—S 键的形成,具有更多 S 原子的[SiS$_{n+1}$O$_{3-n}$]四面体相比于[SiS$_n$O$_{4-n}$]四面体更容易溶解在氢氟酸溶液中。总之,在沉积态[ZnS-SiO$_2$]薄膜中存在化学无序的 ZnS：O 晶粒和[SiS$_n$O$_{4-n}$]四面体,其在氢氟酸溶液中具有更低的溶解度。激光曝光后,沉积态薄膜中部分 ZnS：O 晶粒和[SiS$_n$O$_{4-n}$]四面体分别变成具有更高溶解性的 ZnO 晶粒和[SiS$_{1+n}$O$_{3-n}$]四面体。因此,激光曝光的 ZnS-SiO$_2$ 薄膜相比于沉积态具有更高的溶解度,易发生湿刻选择性。

7.4.2　包层模型

激光曝光过程中,ZnS-SiO$_2$ 薄膜的热致结构转变是产生湿刻选择性的基础[8-9]。ZnS-SiO$_2$ 薄膜沉积在 Si 基片,并在 N$_2$ 保护的退火炉中退火 30 min。退火后,样品浸没在氢氟酸溶液中湿刻。退火温度与 ZnS-SiO$_2$ 湿刻速率的关系曲线如图 7.7(a)所示。由图可得,ZnS-SiO$_2$ 湿刻速率随退火温度增加而降低。ZnS-SiO$_2$ 薄膜对氢氟酸溶液的抗湿刻性随退火温度增加而增强。ZnS-SiO$_2$、ZnS 和 SiO$_2$ 薄膜的湿刻速率和湿刻选择性见表 7.2。样品在 N$_2$ 保护下以 600℃退火 30 min。湿刻选择性表示沉积态和退火态的抗湿刻性差异。ZnS-SiO$_2$ 的湿刻选择性大于 ZnS 和 SiO$_2$ 薄膜,因此适当比例混合 ZnS 和 SiO$_2$ 可显著增加湿刻选择性。

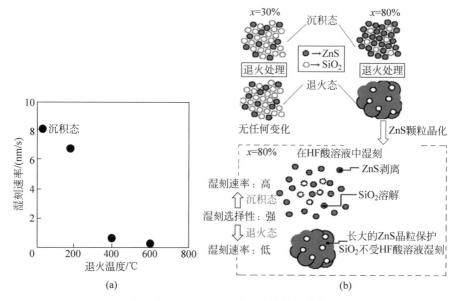

图 7.7 ZnS-SiO$_2$ 薄膜的热致结构变化

（a）湿刻速率与退火温度的关系；（b）ZnS-SiO$_2$ 薄膜结构与湿刻选择性模型

表 7.2 ZnS-SiO$_2$、ZnS 和 SiO$_2$ 薄膜的湿刻速率和湿刻选择性

材料类型	湿刻速率/(nm/s)		湿刻选择性
	沉积态	退火	（沉积态/退火）
(ZnS)$_{0.8}$(SiO$_2$)$_{0.2}$	8	0.2	40
ZnS	0.07	0.06	1
SiO$_2$	10	5	2

　　为了理解退火态 ZnS-SiO$_2$ 薄膜的湿刻选择性,湿刻模型如图 7.7(b)所示。该模型认为 ZnS-SiO$_2$ 薄膜含有 ZnS 晶粒和 SiO$_2$ 晶粒。对于 $x = 0.3$ 的 (ZnS)$_x$(SiO$_2$)$_{(1-x)}$ 薄膜,ZnS 晶粒均匀分散在 SiO$_2$ 基质中。由于 SiO$_2$ 含量远多于 ZnS,SiO$_2$ 晶粒隔离了 ZnS 晶粒。另一方面,当 $x = 0.8$ 时,ZnS 晶粒紧密接触,退火后 ZnS 晶粒长大,长大的 ZnS 晶粒包裹住 SiO$_2$ 晶粒。湿刻过程中,SiO$_2$ 晶粒逐渐被氢氟酸溶液溶解,ZnS 晶粒剥离并脱落在溶液中。当 $x = 0.8$ 时,退火过程导致 ZnS 晶粒长大并完全包裹住 SiO$_2$ 晶粒。长大的 ZnS 避免了 SiO$_2$ 晶粒溶解在氢氟酸溶液中。因此,(ZnS)$_{0.8}$(SiO$_2$)$_{0.2}$ 薄膜的抗湿刻性随退火温度升高而增强。

7.5　光吸收层辅助的微纳光刻

7.5.1　AgInSbTe 作为光吸收层

1. 激光诱导 AgInSbTe 薄膜结构变化

为了在透明薄膜上进行微纳结构光刻,需要一种合适的光吸收材料。由于可见光波段内光吸收系数较高($10^7/m$),热阈值效应显著,硫系相变材料如 AgInSbTe(AIST)薄膜是一种极佳选择。硫系相变材料可发生非晶态到晶态的相变并产生相变潜热,其相变温度也比较适中。采用 AIST 作为光吸收层,该薄膜在 405 nm 波长处的吸收系数为 $6.32 \times 10^7/m$,由于非晶态 AIST 薄膜带隙为 1.42 eV,使其具有单光子吸收特性[10]。AIST 薄膜的热分析 DSC 结果如图 7.8 所示,用于验证相变过程的相变潜热释放及热阈值效应。由图可得在 $T_p = 206℃$ 时出现尖锐的相变(晶化)放热峰,表明发生了非晶态到晶态的结构转变。放热峰面积即晶化潜热为 45.67 kJ/kg。因此,AIST 薄膜具有显著的热阈值效应,且加热到相变温度时可释放潜热。

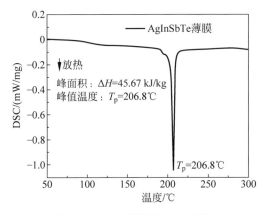

图 7.8　AIST 薄膜的 DSC 曲线

为了理解 AIST 的相变潜热对 $ZnS\text{-}SiO_2$ 薄膜温度分布的影响,首先通过传热方程计算了 AIST 薄膜的温度分布,如图 7.9 所示。样品结构设计为 $ZnS\text{-}SiO_2$/AIST/玻璃基片。三维温度分布如图 7.9(a)所示,其中激光功率为 0.66 mW,曝光时间为 100 ns。AIST 薄膜热扩散系数(D)估算如下:

$$D = \frac{\kappa_{AIST}}{\rho_{AIST} C_{p\text{-}AIST}} \tag{7.5}$$

式中:$\kappa_{AIST} = 1.7$ W/(m·K)为 AIST 薄膜的热导率;$\rho_{AIST} = 6632$ kg/m³ 为

AIST 薄膜的质量密度；$C_{p\text{-AIST}} = 228.33$ J/(kg·K)为 AIST 薄膜的热容[11]。因此，D 的计算结果为 1.24×10^{-6} m²/s。当激光曝光时间为 100 ns 时，热扩散长度为

$$L = \sqrt{Dt} \tag{7.6}$$

若考虑横向热扩散的影响，L 仅为 350 nm。然而，由于样品高速运动导致表面空气流动加强可带走过多热量，从而进一步降低横向热扩散的影响。因此，热扩散影响较小。由图可得温度分布具有典型的高斯分布特性，顶部温度最高。对于 AIST 薄膜，在相变温度（T_p）为 206℃时，热区域宽度达到 100 nm，如图 7.9(b)所示。这表明相变区尺寸约为 100 nm。相变区的最高温度仅为 210℃。

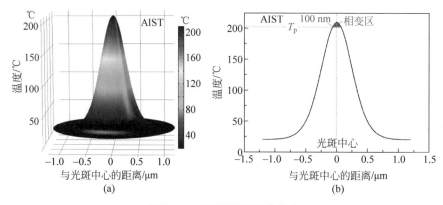

图 7.9　AIST 薄膜的温度分布

(a) 三维分布图；(b) 二维分布图

若不考虑 AIST 薄膜的相变潜热释放，ZnS-SiO₂ 薄膜的温升主要来源于 AIST 层的热扩散。ZnS-SiO₂ 薄膜的温度分布如图 7.10(a)所示，其最高温度 $T_{\max}$ 为 204℃，低于该薄膜的临界温度 $T_{ex} = 220$℃。该温度不能导致 ZnS-SiO₂ 薄膜产生足够的结构转变，从而在 ZnS-SiO₂ 薄膜上难以形成微纳结构。

当 AIST 温度超过其相变阈值 T_p 时，AIST 薄膜发生相变并释放相变潜热。其释放的相变潜热进一步加热 ZnS-SiO₂ 薄膜，导致其温度升高。升高的温度 ΔT 计算如下：

$$\Delta T = (\Delta H_{\text{AIST}} m_{\text{AIST}})/(C_{p\text{ZnS-SiO}_2} m_{\text{ZnS-SiO}_2}) \tag{7.7}$$

式中：ΔH_{AIST} 为 AIST 薄膜的相变潜热，其值为 45.67 kJ/kg，如图 7.8 所示；$C_{p\text{ZnS-SiO}_2}$（$= 560$ J/(kg·K)）为 ZnS-SiO₂ 薄膜的热容[12]；m_{AIST} 和 $m_{\text{ZnS-SiO}_2}$ 分别为 AIST 和 ZnS-SiO₂ 加热区域质量。

$$m_{\text{AIST}} = \frac{1}{4}\pi(d_{\text{AIST}})^2 \rho_{\text{AIST}} h_{\text{AIST}} \tag{7.8}$$

$$m_{\text{ZnS-SiO}_2} = \frac{1}{4}\pi(d_{\text{ZnS-SiO}_2})^2 \rho_{\text{ZnS-SiO}_2} h_{\text{ZnS-SiO}_2} \qquad (7.9)$$

式中：$\rho_{\text{AIST}} = 6632$ kg/m^3 和 $\rho_{\text{ZnS-SiO}_2} = 3650$ kg/m^3 分别为 AIST 和 ZnS-SiO$_2$ 薄膜的质量密度[11]；h_{AIST} 和 $h_{\text{ZnS-SiO}_2}$ 分别为 AIST 和 ZnS-SiO$_2$ 薄膜的厚度，本章中，$h_{\text{AIST}} = 20$ nm，$h_{\text{ZnS-SiO}_2} = 40$ nm。d_{AIST} 是 AIST 薄膜的相变区直径。通过精细调控激光功率和曝光时间可得到 $d_{\text{AIST}} = 100$ nm，如图 7.9(b)所示，激光功率和曝光时间分别为 0.66 mW 和 100 ns。由于 AIST 薄膜厚度仅 20 nm，相变区可认为是圆柱体。$d_{\text{ZnS-SiO}_2}$ 是 ZnS-SiO$_2$ 薄膜的结构转变区直径，由图 7.10(b)可得，$d_{\text{ZnS-SiO}_2} = d_{\text{AIST}}$，ZnS-SiO$_2$ 薄膜仅 40 nm，可认为其结构转变区为圆柱体形状。

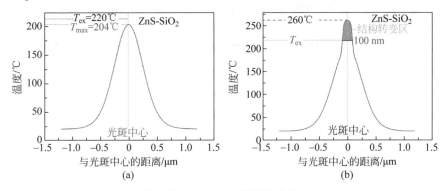

图 7.10　ZnS-SiO$_2$ 薄膜温度分布

(a) 不考虑 AIST 薄膜的相变潜热释放特性；(b) 考虑 AIST 薄膜相变潜热释放特性

通过式(7.7)～式(7.9)，AIST 薄膜的相变潜热诱导 ZnS-SiO$_2$ 薄膜的温度升高 ΔT 为 59℃。结合 AIST 薄膜热扩散引起的 ZnS-SiO$_2$ 温度升高，ZnS-SiO$_2$ 薄膜的温度分布结果如图 7.10(b)所示。由图可得，ZnS-SiO$_2$ 薄膜的峰值温度可达 262℃，超过最大结构转变温度 $T_{\text{ex}} = 220$℃。因此，ZnS-SiO$_2$ 薄膜发生显著的结构重排且结构转变区尺寸为 100 nm。换言之，AIST 薄膜的相变潜热释放足使 ZnS-SiO$_2$ 薄膜产生显著的局域结构转变。湿刻后，微纳结构可进一步呈现在 ZnS-SiO$_2$ 薄膜上。

由以上计算可得，AIST 薄膜的相变潜热对 ZnS-SiO$_2$ 薄膜的微纳光刻至关重要。为了验证 ZnS-SiO$_2$ 薄膜的微纳光刻来源于 AIST 薄膜相变释放的潜热，通过磁控溅射方法制备了双层结构样品"ZnS-SiO$_2$/AIST/玻璃基片"。ZnS-SiO$_2$ 薄膜和 AIST 薄膜的厚度分别为 40 nm 和 20 nm。利用 GaN 基半导体激光热敏光刻系统对样品进行微纳结构制备。

为了证实在微纳结构制备时发生了相变过程，刻写样品的晶体结构利用 X 射线衍射仪进行 XRD 表征，如图 7.11(a)所示，其中激光功率约 1.15 mW。用于对比分析,沉积态 AIST 薄膜的 XRD 结果也呈现在图中,由图可得沉积态样品是完全的非晶态结构,无衍射峰,而光刻样品的 AIST 薄膜发生了晶化,具有明显的晶相衍射峰。也就是说,激光加热后,AIST 薄膜发生了非晶态到晶态的相变。另外,对曝光样品(在氢氟酸溶液中显影前的样品)进行了光学显微表征,如图 7.11(b)所示,可以看出激光刻写后呈现明显的晶化线,因此 AIST 薄膜在光刻后发生了相变。

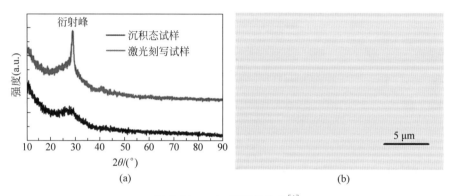

图 7.11　AIST 薄膜的结构[1]

(a) 沉积态和激光刻写(曝光)后的 AIST 薄膜的 XRD 曲线；(b) 刻写样品的光学图像,激光刻写功率为 1.15 mW

2. ZnS-SiO$_2$ 薄膜作为正性光刻胶

ZnS-SiO$_2$ 薄膜可用作正性光刻胶。制备的样品结构为"玻璃基片/AIST/ZnS-SiO$_2$"[1]。激光曝光后,样品在 0.55 mol/L 的氢氟酸溶液中湿刻 15 s。不同激光功率下的 AFM 分析如图 7.12(a)所示。其中刻写速率为 4 m/s,线光栅之间的间距为 1 μm。分别采用不同激光功率刻写了四条线,从左至右,激光功率依次增加,图形线宽依次从 120 nm 增加到 250 nm。当激光功率为 0.66 mW 时,最小光刻线宽低至 120 nm,该结果略高于上述计算值。这可能是由于计算过程中忽略了热扩散的影响。120 nm 线宽小于刻写光斑尺寸,仅为光斑尺寸的 1/7。相应的三维图像如图 7.12(b)所示,由图可得图形边缘陡峭,表面平滑。

为了研究激光功率对光刻线宽的影响,研究人员进行了理论计算和实验验证,结果如图 7.12(c)所示。由图可得,实验值与计算结果基本一致,光刻线宽随着激光功率增加而逐渐变大。

为了进一步分析不同激光功率下微纳结构的表面形貌变化,图 7.13 给出了其 AFM 观察结果,其中刻写速率为 1 m/s,光刻样品在 0.55 mol/L 氢氟酸溶液中显影 15 s。激光功率为 1.10 mW 下的二维图和三维图如图 7.13(a)所示。在图 7.13(a1)中,制备的结构均匀且表面平滑,图形线宽为 200 nm,图 7.13(a2)中的三维图表明结构边缘清晰。当激光功率增加到 1.18 mW 时,相应的 AFM 结果如图 7.13(b)所示,由图可得微纳结构表面结构平滑、边缘清晰、结构均匀且线宽为 280 nm。进一

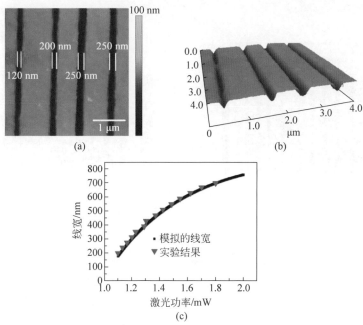

图 7.12　光刻线宽与激光功率的关系。在刻写速率为 4 m/s,不同激光能量下得到的光刻
　　　　线宽[1]

　　（a）二维 AFM 图像；（b）三维 AFM 图像；（c）光刻线宽与激光功率的关系（刻写速率为 1 m/s）

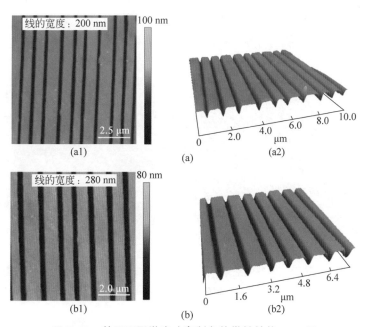

图 7.13　基于不同激光功率制备的微纳结构 AFM 图

（a）二维形貌和三维形貌对应激光功率为 1.10 mW；（b）二维形貌和三维形貌对应激光功率为 1.18 mW；

（c）二维形貌和三维形貌对应激光功率为 1.20 mW

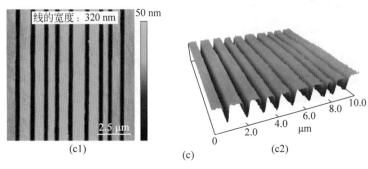

图 7.13 （续）

步增加激光功率到 1.2 mW 时，结构线宽达到 320 nm，如图 7.13(c)所示。制备的光栅结构依然均匀，表面平滑且边缘清晰。

在 ZnS-SiO$_2$ 薄膜上还可制备任意微纳结构，如纳米棒天线，该天线可用于实现不同偏振条件下的异常反射；开口谐振环结构，可作为一种实现负折射效应的有效介质[20]。如图 7.14 所示为 ZnS-SiO$_2$ 薄膜上制备的纳米棒天线和开口谐振环结构，其中所用激光功率为 2 mW，光刻样品在 0.55 mol/L 氢氟酸溶液中湿刻 30 s，然后采用 AFM 和 SEM 观察。纳米棒天线阵列的 SEM 分析如图 7.14(a)所示。图中可看到清晰且均匀的纳米棒天线结构，图形周期为 8 μm。插图是纳米棒天线单元的 AFM 图，其特征尺寸为 800 nm。如图 7.14(b)所示为开口谐振环阵列的 SEM 图，其周期为 25 μm，图形结构均匀。插图是开口谐振环结构单元的 AFM 图，其结构特征线宽为 1.4 μm。

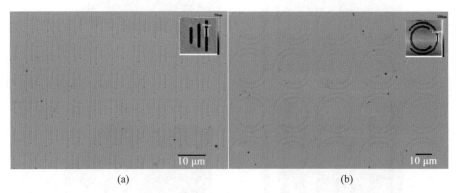

图 7.14 在透明薄膜上制备的纳米棒天线(a)和开口谐振环结构(b)SEM 图，图(a)插图为纳米棒天线单元的 AFM 图像，图(b)插图为开口谐振环单元的 AFM 图

除了 AIST 薄膜，GeTe 薄膜也可作为光吸收层。在此设计了样品结构"玻璃基片/GeTe/ZnS-SiO$_2$"[5]。在设计的样品上制备了线光栅结构，结果如图 7.15(a)~

(d)所示。刻写速率为 1.65 m/s,激光功率密度为 1.4×10^6 W/cm²。光刻样品在 0.55 mol/L 氢氟酸溶液中显影 20 s。曝光的 ZnS-SiO₂ 薄膜二维 AFM 分析如图 7.15(a)所示。由图可看出,尽管光栅结构周期为 500 nm,但激光曝光后,样品表面无结构。随后,样品在 0.55 mol/L 氢氟酸溶液中湿刻 20 s,AFM 分析如图 7.15(b)所示。图中可看到清晰且完整的凹槽结构,其特征线宽为 270 nm。周期为 750 nm 和 1000 nm 的线光栅结构分别如图 7.15(c)~(d)所示。由图可得制备的结构轮廓清晰,表面光滑且特征线宽为 250~270 nm。这表明采用 GeTe 薄膜作光吸收层也可以在 ZnS-SiO₂ 薄膜上制备出具有不同周期的微纳结构。

图 7.15　ZnS-SiO₂ 薄膜上光刻结构的 AFM 图(刻写速率 1.65 m/s,激光功率密度 1.4×10⁶ W/cm²)[2]

(a) 500 nm 结构周期(显影前);(b) 500 nm 周期结构(显影后);(c) 750 nm 周期结构(显影后);
(d) 1000 nm 周期结构(显影后)

在制备微纳结构时需要优化工艺参数,在此研究了激光功率、刻写速率、氢氟酸溶液浓度和湿刻时间对图形线宽及深度的影响。通过调节激光功率密度对线光栅结构进行调控,图形周期为 1.2 μm,刻写速率为 0.3 m/s。光刻样品在 0.55 mol/L 的氢氟酸溶液中湿刻 25 s。不同激光功率条件下 ZnS-SiO₂ 薄膜的 AFM 图及相应的截面图如图 7.16 所示。当激光功率为 0.9×10^6 W/cm² 时,制备的凹槽结构清晰,表面光滑,如图 7.16(a)所示。从图 7.16(a1)的截面曲线可看到,图形线宽为 510 nm,深度为 15 nm。当功率密度增加到 $1.2×10^6$ W/cm^2 时,线宽增加到 550 nm,如图 7.16(b)所示。进一步增加激光功率到 $1.4×10^6$ W/cm^2 时,图形线宽增大到 630 nm,如图 7.16(c)所示。从图 7.16 的比较中人们能够看出,随着激光功率密度的增加,光刻线宽逐渐增加,这是由于增加的激光功率密度导致较大的横向热扩散。然而,激光功率密度的增加对凹槽深度影响较小。

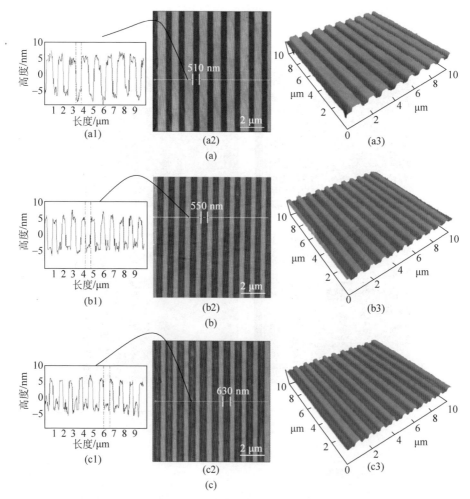

图 7.16　二维和三维 AFM 图及相应的光栅结构截面[2]

图形周期为 1.2 μm,功率密度为(a) $0.9×10^6$ W/cm^2,(b) $1.2×10^6$ W/cm^2,(c) $1.4×10^6$ W/cm^2；样品在 0.55 mol/L 氢氟酸溶液中湿刻 25 s,刻写速率为 0.3 m/s

激光功率、氢氟酸溶液浓度、湿刻时间和刻写速率对图形线宽和深度的影响分别如图 7.17 所示。如图 7.17(a)所示为图形线宽和深度随激光功率的变化曲线,其中刻写速率为 0.3 m/s,氢氟酸溶液浓度为 0.55 mol/L,湿刻时间为 25 s。由图可得图形线宽随激光功率密度增加而增加,但湿刻深度变化较小。在图 7.17(b)中,激光功率为 1.2×10^6 W/cm^2,刻写速率为 0.3 m/s,而湿刻时间为 25 s。由图可得随着氢氟酸溶液浓度增加,图形线宽几乎不变,而图形深度随氢氟酸溶液浓度增加而明显变深。在图 7.17(c)中,激光功率密度为 1.2×10^6 W/cm^2,刻写速率为 0.3 m/s,而氢氟酸溶液浓度为 0.55 mol/L。由图可得随着湿刻时间增加,图形线宽轻微增加而凹槽深度明显变大。在图 7.17(d)中,激光功率密度为 1.2×10^6 W/cm^2,氢氟酸溶液浓度为 0.55 mol/L,显影时间为 15 s。由图可得随着刻写速率增加,图形线宽显著降低,而刻写速率对凹槽深度没有明显影响。其线宽显著降低是由于高的刻写速率导致 ZnS-SiO$_2$ 薄膜的加热时间缩短。这样,横向热扩散变弱,曝光区减小。

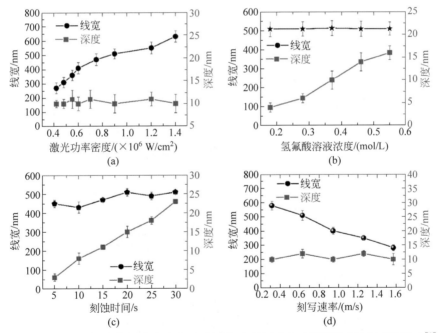

图 7.17　激光功率、氢氟酸溶液浓度、湿刻时间和刻写速率对图形线宽和深度的影响[2]
(a) 功率密度；(b) 氢氟酸溶液浓度；(c) 湿刻时间；(d) 刻写速率

3. ZnS-SiO$_2$ 薄膜作为负性光刻胶

基于湿法湿刻选择性,ZnS-SiO$_2$ 薄膜也可作为负性光刻胶。缪拉(H. Miura)等设计了多层试样结构"聚碳酸酯基片/下层 ZnS-SiO$_2$ 薄膜/AIST 薄膜/上层

ZnS-SiO$_2$ 薄膜"[8]。其中 AIST 和上层 ZnS-SiO$_2$ 薄膜分别作为光吸收层和图形层。光刻工艺流程如图 7.18(a)所示,其中下层 ZnS-SiO$_2$ 薄膜、中间 AIST 薄膜和上层 ZnS-SiO$_2$ 薄膜依次沉积到聚碳酸酯基片上。光刻系统的激光波长为 405 nm,光刻透镜的数值孔径为 0.85,聚焦光斑曝光样品上的 AIST 层,AIST 薄膜吸收激光能量被加热,然后传导给 ZnS-SiO$_2$ 层,使 ZnS-SiO$_2$ 薄膜被加热而发生结构转变。激光曝光后,样品置于氢氟酸溶液中湿刻,湿刻过程中,上层 ZnS-SiO$_2$ 薄膜的曝光区保留而非曝光区被湿刻,因此在上层 ZnS-SiO$_2$ 薄膜上制备出凸起的柱状结

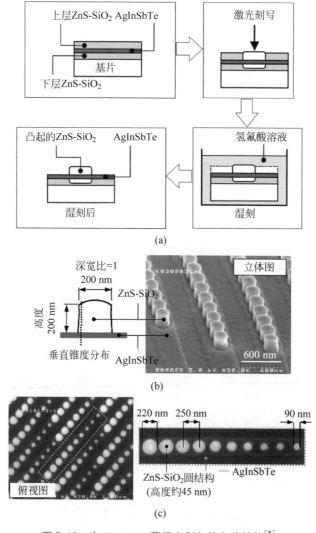

图 7.18　在 ZnS-SiO$_2$ 薄膜上制备的点阵结构[8]

(a) 光刻流程;图形结构的 SEM 图(b)垂直点阵结构;(c) 不同尺寸点阵结构

构。如图 7.18(b)所示为制备的具有陡直侧壁的凸起型柱状结构,该结构的直径和高度均为 200 nm,柱状直径可通过改变激光能量进行调节。其柱状结构直径与激光脉宽成比例变化,ZnS-SiO$_2$ 结构的周期为 250 nm,最大直径为 220 nm,最小直径为 90 nm。

7.5.2　Ge 作为光吸收层

莫里(T. Mori)等利用 Ge 薄膜作为光吸收层,制备出多层结构的试样,即"聚碳酸酯基片/ZnS-SiO$_2$/Ge/ZnS/ZnS-SiO$_2$"[13]。激光曝光后将光刻样品放置于氢氟酸溶液显影 10 s,可得到线型和点状结构。

如图 7.19(a)～(c)所示为 ZnS-SiO$_2$ 薄膜的点状结构 SEM 图,随着激光功率增加,图形尺寸变大,结构形貌发生变化。结构形貌变化的机理图如图 7.19(d)所示,其中激光诱导样品热流方向以点线箭头表示。制备的结构形貌可分为三种类型(点型 Ⅰ,点型 Ⅱ,点型 Ⅲ)。当脉冲激光功率为 3.5～4.5 mW 时,可得到半球形结构(点型 Ⅰ)。Ge 薄膜吸收激光能量产生热,热量以同心圆方式传递到上下两层的 ZnS-SiO$_2$ 薄膜上。上层 ZnS-SiO$_2$ 薄膜中,仅同心部分的薄膜抗蚀性增加。当

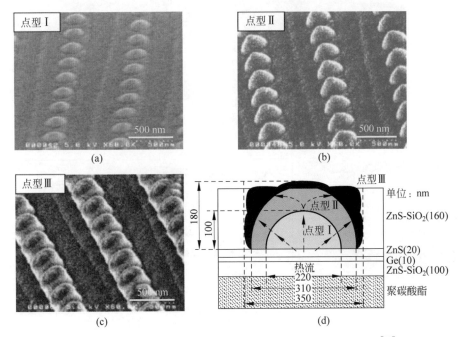

图 7.19　ZnS-SiO$_2$ 薄膜上光刻得到的图形结构的点阵 SEM 图[13]

脉冲光功率分别为(a)4.5 mW,(b)5.5 mW,(c)6.4 mW;(d)图形结构形成分析,点线箭头表示激光曝光后的热流方向

脉冲激光功率为 $5.0\sim5.5$ mW 时,制备的点结构具有曲型表面,但顶部几乎平坦(点型Ⅰ)。释放的热量由同心圆形式向四周扩散,然而 ZnS-SiO$_2$ 薄膜的有限厚度使其受空间限制而不能无限扩散。脉冲激光功率为 $6.0\sim6.6$ mW,下部分的同心圆形式的热传递和上部分的横向热扩散模式几乎形成了具有复杂曲面的圆柱形结构(点型Ⅲ)。上层 ZnS-SiO$_2$ 薄膜受空气影响,散热特性不及下部分,且上部分易达到高温,热在横向强烈扩散。通过光学性质和其他材料特性如热导率、密度和热容等可在理论上得到热传导特性。此外,点型Ⅲ的点结构高度为 180 nm,大于沉积态 ZnS-SiO$_2$ 薄膜的厚度(160 nm),这可能是由于激光加热导致的体积膨胀。

如图 7.20 所示为不同激光功率曝光下,在 ZnS-SiO$_2$ 薄膜上得到的线型光栅结构的 SEM 图,可以看出,与点结构的形成机理非常相似,结构形状与体积变化依赖于激光功率。线光栅结构的截面变化机理如图 7.20(d)所示,图中的虚线箭头表示激光诱导的热流方向。结构形貌可分为三类:线型Ⅰ、线型Ⅱ、线型Ⅲ。当激光功率为 $3.0\sim3.2$ mW 时,可得到具有三角形截面的线光栅结构(线型Ⅰ)。激光诱导的热量以同心圆形式传递到上层的 ZnS-SiO$_2$ 层中,且靠近光吸收层的部分其

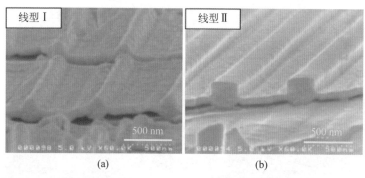

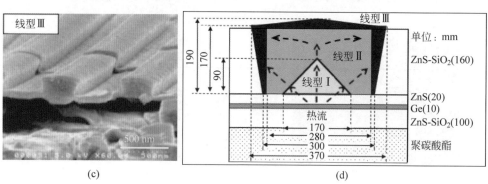

图 7.20　ZnS-SiO$_2$ 薄膜上得到的线型光栅结构的 SEM 图

激光功率分别为(a)3.2 mW,(b)3.4 mW,(c)3.6 mW;(d) 图形结构形成分析,点线箭头表示激光曝光后热流方向[13]

抗蚀性发生变化,相似于点型Ⅰ的行为。当激光功率增加到 3.4 mW 时,形成具有矩形截面的线光栅结构(线型Ⅱ)。这是由于热传递到下层 ZnS-SiO₂ 薄膜且上层空间受限,与点型Ⅱ情况类似。当激光功率继续增加到 3.6 mW 时,倒梯形结构形成(线型Ⅲ),这是由下层的同心热传递和 ZnS-SiO₂ 薄膜上表面的横向热传递引起的,与点型Ⅲ情况类似。

7.5.3　无定形 Si 作为光吸收层

非晶态 Si(a-Si)薄膜可作为光吸收层,在 ZnS-SiO₂ 薄膜上能制备出点阵结构[14-15]。不同冷却速率下制备的点阵结构如图 7.21 所示,其中冷却速率可通过改变非晶态 Si 薄膜的厚度进行调节。非晶态 Si 薄膜越薄,冷却速率越大,这是由于薄的 Si 薄膜降低了其热容,以及与硅基片之间的距离,这里的硅基片可作为散热器。当非晶态 Si 薄膜厚度为 50 nm 时,制备的点形状得到极大改善,结构均匀。当 a-Si 薄膜厚度为 25 nm 时,冷却速率太高而不能形成均匀的点阵结构。显影过程中,点阵结构部分变得细小并随机坍塌,如图 7.21(c)所示。因此,50 nm 厚度的 a-Si 薄膜有利于在 ZnS-SiO₂ 薄膜上形成均匀点阵结构。

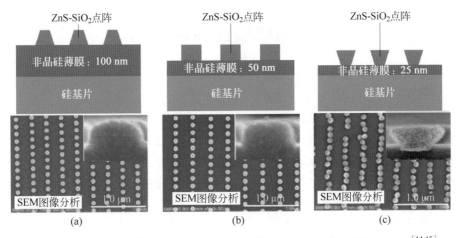

图 7.21　不同 a-Si 薄膜厚度时在 ZnS-SiO₂ 薄膜上形成的点阵结构的 SEM 图[14-15]

(a) 100 nm;(b) 50 nm;(c) 25 nm

7.5.4　AlNiGd 金属玻璃作为光吸收层

AlNiGd 金属玻璃也可作为光吸收层,并在上层的 ZnS-SiO₂ 薄膜上制备得到微纳结构[16]。如图 7.22(a)所示为在 ZnS-SiO₂ 薄膜上制备的线型光栅结构的 AFM 图,光栅高度大约为 112 nm,线宽大约为 375 nm。如图 7.22(b)所示为在

ZnS-SiO$_2$ 薄膜上制备的点阵结构 AFM 图，点阵结构的高度约 40 nm，特征尺寸约 180 nm，结果表明在 ZnS-SiO$_2$ 薄膜上可得到均匀的点阵图形，且点结构尺寸远小于光斑大小。

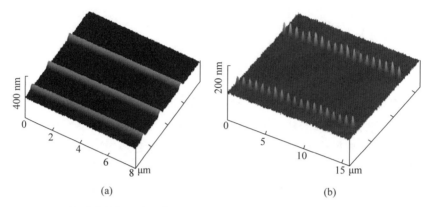

(a)   (b)

图 7.22 AlNiGd 金属玻璃作为光吸收层时，在 ZnS-SiO$_2$ 薄膜上得到的图形结构的 AFM 图[16]

(a) 线光栅；(b) 点阵结构

7.6 AgO$_x$ 作为光吸收层直接图形化

众所周知，在开放体系中，AgO$_x$ 在 160℃ 以上时分解成 Ag 颗粒和氧气[17]。当薄膜加热到该温度时，基于化学反应 AgO$_x \longrightarrow$ Ag+O$_2$，AgO$_x$ 层会分解成 Ag 和 O$_2$。激光曝光到 AgO$_x$ 薄膜时，曝光区的薄膜被局部快速加热到分解温度并发生分解反应。分解释放的 O$_2$ 停留在封闭系统，压力增加。当薄膜厚度增加到 100 nm 以上时，聚焦激光束诱导 AgO$_x$ 薄膜热分解会产生大的 O$_2$ 气泡，最终导致巨大的体积膨胀，如图 7.23(a) 所示。AgO$_x$ 分解成 Ag 和 O$_2$ 时材料内部变化如图 7.23(b) 所示，分解的 Ag 和 O$_2$ 填充于整个内部空间。薄膜冷却到室温时，膨胀的体积以鼓包形式停留在薄膜中，通过精确调控激光参数，可得到规则且均匀鼓包型图形结构。

事实上，多层结构并非完全是一个封闭系统，鼓包结构中的气体与外部空气之间会实时相互扩散，导致鼓包结构的内外压力达到新的平衡。若激光能量过高，超过 AgO$_x$ 薄膜的烧蚀阈值，鼓包结构顶部会坍塌形成孔状图形。

为了在 ZnS-SiO$_2$ 薄膜上直接制备图形结构，顿（Dun）等设计了三层"ZnS-SiO$_2$/AgO$_x$/ZnS-SiO$_2$"结构[18]。在"ZnS-SiO$_2$/AgO$_x$/ZnS-SiO$_2$"多层薄膜上制备的图形结构如图 7.24 所示，其中刻写激光波长为 488 nm，激光功率从 3 mW 增加到 5 mW。由图可看出，制备的结构为锥形，结构规则且均匀。激光曝光区与非

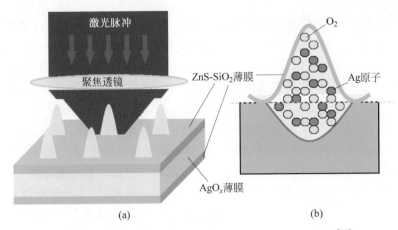

图 7.23　多层 AgO_x 薄膜直写导致的鼓包型结构的原理[18]

（a）激光曝光薄膜形成鼓包结构；（b）AgO_x 分解形成 ZnS-SiO$_2$ 气泡

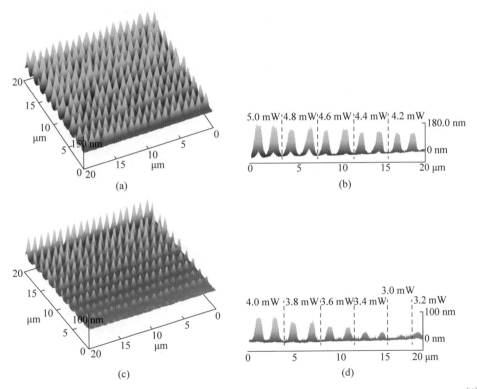

图 7.24　利用不同功率曝光在多层 ZnS-SiO$_2$/AgO$_x$/ZnS-SiO$_2$ 薄膜上制备的鼓包型图形结构[4]

在较高激光功率下图形结构的（a）三维和（b）截面 AFM 图；在较低激光功率下图形结构的（c）三维和（d）截面 AFM 图形结构[18]

曝光区的边界非常清晰,图形侧壁陡峭、表面平滑。图7.24(a)～(c)分别为高功率和低功率下的鼓包结构的三维图。对应的截面图分别如图7.24(b)～(d)所示。通过调节激光功率可得到不同高度的图形结构,激光功率越大,图形高度越高。当激光功率为 5 mW 时,图形高度达到最大值。随着激光功率降低,图形高度逐渐降低。当激光功率为 3 mW 时,图形难以分辨。

图形高度、直径和深宽比(深宽比定义为高度与直径的比值)与激光功率的关系如图7.25所示。由图可得图形高度和直径随激光功率增加而变大,如图7.25(a)和(b)所示。图形高度范围为 6～183 nm,与之对应的图形直径为 482～912 nm。图形深宽比是评估图形质量的一个重要因素,一般来说,高深宽比的结构具有更好的性能。在图7.25(c)中,可以看到当激光功率从 3 mW 增加到 5 mW,图形深宽比从最小的 0.012 快速增加到 0.201。表明在高的激光功率下得到更好的图形深宽比。

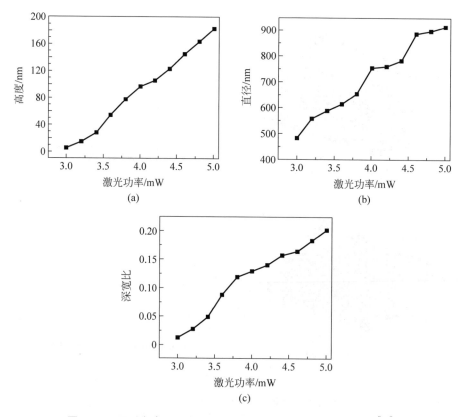

图 7.25　图形高度(a)、直径(b)、深宽比(c)与激光功率的关系[18]

7.7　本章小结

　　超透镜和超表面器件的制备,一般需要采用光刻技术在透明薄膜或基片表面制备加工出微纳结构。然而,由于透明薄膜在刻写激光波长下的吸收系数较低,因此采用传统光刻技术难以在透明薄膜上制备微纳结构。激光热敏光刻提供了一种有效的加工手段,可在透明薄膜上制备微纳结构。该方法采用光吸收层吸收激光能量,使光吸收层被激光加热,并将热量迅速转移到透明薄膜上。当透明薄膜的温度超过一定的热阈值,热敏曝光发生,就可在透明薄膜上制备出微纳结构。因此,激光热敏光刻技术是制备微纳光学元件的优选加工手段之一。

参考文献

[1]　WEI T,ZHANG K,WEI J,et al. Micro/nanolithography of transparent thin films through laser-induced release of phase-transition latent-heat [J]. Opt. Express,2017,25: 28146-28156.

[2]　WEI T,WEI J, ZHANG K, et al. Laser heat-mode lithography characteristics and mechanism of ZnS-SiO$_2$ thin films[J]. Mater. Chem. Phys. ,2018,212: 426-431.

[3]　https://www. mendeley. com/catalogue/fundamental-xps-data-pure-elements-pure-oxides-chemical-compounds-2-13/[2022-6-27].

[4]　ALFONSETTI R,LOZZI L,PASSACANTANDO M,et al. XPS studies on SiO$_x$ thin films [J]. Appl. Surf. Sci. ,1993,70: 222-225.

[5]　TSU D V,OHTA T. Mechanism of properties of noble ZnS-SiO$_2$ protection layer for phase change optical disk media[J]. Jpn. J. Appl. Phys. ,2006,45: 6294-6307.

[6]　FOIX D,GONBEAU D, TAILLADES G, et al. The structure of ionically conductive chalcogenide glasses: a combined NMR,XPS and ab initio calculation study[J]. Solid State Sciences,2001,3: 235-243.

[7]　BARRECA D. Analysis of nanocrystalline ZnS thin films by XPS[J]. Surface Science Spectra,2002,9: 54-61.

[8]　MIURA H, TOYOSHIMA N, HAYASHI Y, et al. Patterning of ZnS-SiO$_2$ by laser irradiation and wet etching[J]. Jpn. J. Appl. Phys. ,2006,45: 1410-1413.

[9]　MIURA H,TOYOSHIMA N,TAKEUCHI K,et al. Nanometer-scale patterning of ZnS-SiO$_2$ by heat-mode lithography[J]. Ricoh Technical Report,2007,33: 36-43.

[10]　BHATNAGAR P K,MONGIA G,MATHUR P C. Optical properties and average flow of energy in AgInSbTe films used for phase change optical recording[J]. Opt. Eng. ,2003, 42(11): 3274-3278.

[11]　JIAO X,WEI J, GAN F, et al. Temperature dependence of thermal properties of

$Ag_8 In_{14} Sb_{55} Te_{23}$ phase-change memory materials[J]. Appl. Phys. A,2009,94: 627-631.

[12] KUWAHARA M,LI J,MIHALCEA C,et al. Thermal lithography for 100-nm dimensions using a nano-heat spot of a visible laser beam [J]. Jpn. J. Appl. Phys. , 2002, 41: L1022-L1024.

[13] MORI T,ITOH M. Unique $ZnS\text{-}SiO_2$ morphologies reflecting a laser-induced heat distribution[J]. Jpn. J. Appl. Phys. ,2013,52: 048004.

[14] YAMAOKA N,MURAKAMI S,SUGAWARA Y,et al. Thermal recording for high-density optical disc mastering[J]. Jpn. J. Appl. Phys. ,2010,49: 08KG3.

[15] MURAKAMI S, YAMAOKA N, MATSUKAWA M,et al. Improvement of thermal interference for high-density thermal recording mastering[J]. Jpn. J. Appl. Phys. ,2011, 50(9): 09MD2.

[16] LEE M L,YUAN G Q,GAN C L,et al. High-resolution mastering using AlNiGd metallic glass thin film as thermal absorption layer[J]. Intermetallics,2010,18: 2308-2311.

[17] TOMINAGA J,HARATANI S,UCHIYAMA K,et al. New recordable compact disc with inorganic material,AgO_x[J]. Jpa. J. Appl. Phys. ,1992,31: 2757-2759.

[18] DUN A,WEI J,GAN F. Pattern structures fabricated on $ZnS\text{-}SiO_2 / AgO_x / ZnS\text{-}SiO_2$ thin film structure by laser direct writing technology[J]. Appl. Phys. A,2010,100: 401-407.

第 8 章

激光热敏灰度光刻与彩色打印

8.1 引言

在激光与薄膜材料相互作用过程中,激光脉冲曝光薄膜材料表面,能量被薄膜材料吸收使其加热。当温度超过一定阈值时,就会发生热致结构变化。在整个激光与材料的相互作用过程中涉及的结构变化包括结晶、氧化、熔化、凝固等。当激光脉冲能量足够高,超过材料的汽化阈值时,就会发生汽化甚至烧蚀。随着结构的变化,表面形貌也会发生较大变化,形成相应的微纳结构。微纳结构的形貌特征与激光脉冲能量、薄膜材料性能和材料制备工艺密切相关。这种微纳结构的形成只需要几十纳秒到几百纳秒,而图案大小通常从几十纳米到几微米变化。在激光曝光过程中,随着结构的变化和微纳图形的形成,薄膜材料的反射率和透过率会相应发生变化,从而可在薄膜材料上实现灰度光刻,通过多层膜的干涉调控,甚至可以在热敏薄膜上直接进行彩色图形的激光打印。

8.2 基于微纳结构的激光灰度光刻

8.2.1 马兰戈尼效应实现微纳图形化[1]

在激光曝光过程中由于马兰戈尼(Marangoni)效应和体积膨胀效应,硫系相变薄膜是一种优良的激光图形化材料。马兰戈尼效应是一种由表面张力梯度引起的流体流动现象,包括热毛细效应和化学毛细效应。热毛细效应是由高斯强度分布的激光束引起的温度梯度引起的热势变化,而化学毛细效应是由温度激活的特定溶质挥发和扩散引起的成分梯度变化导致的化学势变化。一般来说,在激光曝光过程中,这两种效应并存,它们之间的竞争决定了物质的流动,导致不同的图案结构形成。

根据马兰戈尼效应,当激光脉冲曝光到硫系相变薄膜上时,表面的硫化物被加热到熔化温度,光斑中心温度较高,并沿径向方向下降,即光斑存在径向温度梯度。在光斑中心,相变材料熔融并流动,产生表面张力。熔液流动的表面张力不仅与径向温度梯度有关,还与径向浓度梯度有关。径向温度梯度对应不同热势引起热毛细效应,而径向浓度梯度对应不同化学势引起化学毛细效应。热毛细效应通常将熔融物质推向具有较高表面张力的外围冷却区域,而化学毛细效应则将液态物质推向具有较高表面能和较低浓度的区域。在整个过程中,热毛细效应和化学毛细效应同时存在,它们之间的竞争决定了熔液的流动,并导致在不同的激光能量下熔液的形态不同。

以 AgInSbTe 薄膜为例,AgInSbTe(AIST)是一种典型的硫化物材料。在玻璃基片上沉积 AIST 薄膜,并在 AIST 上沉积一层厚度为 5 nm 的碳薄膜,以避免在激光曝光过程中 AIST 被氧化。根据马兰戈尼效应,当一束激光曝光到薄膜上时,部分 AIST 被迅速加热。高于熔点时,液体表面产生强烈的径向温度梯度,这又导致径向表面张力梯度,而径向表面张力梯度又产生径向熔体流动,碳膜的熔点高于 AIST 膜。开始时,表面材料被加热致熔化,熔体/空气界面温度最高。随后,热开始传递到薄膜内部,材料熔化形成一个熔池。一般情况下,表面张力随熔融材料温度升高而降低。因此,中心熔融物质的表面张力高于外围部分,这样,熔体/空气界面上的熔融物质迅速从中心向外围移动。强对流在膜表面产生较大的压力,这是微凸点形成的主要原因。对流方向如图 8.1(a)所示,在激光光斑中心形成熔池。由于碳薄膜的存在,熔池实际上是一个封闭的系统。对流几乎是对称的,这与激光能量的环形分布一致。另外,液体的线性热膨胀系数大约是固体的十倍,因此由于熔体的线性热膨胀系数比固体大,熔池的封闭系统会膨胀。这可能是硫化物薄膜形成微/纳结构的另一种机制,将在 8.3 节中讨论。

移除激光后,由于径向存在强烈温度梯度,熔融材料的凝固开始于外围。凝固迅速向熔池中心进行。在固液界面的表面张力作用下,熔融物质也向中心移动,运动方向指向液体内部,并在熔池的中心形成柱状结构。此外,熔融材料的原子由于快速凝固而没有时间重新排列,导致结构变化,在微纳结构内部形成缩孔和气孔,如图 8.1(b)所示。AIST 薄膜上形成的微纳结构如图 8.1(c)所示,其直径为 200～450 nm。由图 8.1(c)插图可得,在激光曝光下薄膜体积发生膨胀,并且碳层在激光脉冲曝光期间没有熔化,也就是说,AIST 材料几乎完全被碳层包裹而未挥发。由于过高的激光能量,在插图中的结构顶端(直径约为 75 nm)形成了一个孔。为

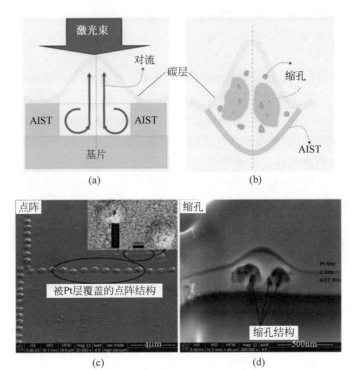

图 8.1　AIST 薄膜的马兰戈尼效应[2]

(a) 激光曝光熔池；(b) 激光移除后熔池快速凝固，实验结果 SEM 图；(c) Pt 层覆盖的微/纳结构；
(d) FIB 切割得到的结构内部特征

观察其内部结构，采用 FIB 对结构进行剖面分析。在离子束切割前先沉积纳米厚度的 Pt 层，结构内部特征如图 8.1(d) 所示，剖面结构为"AIST 层/C 层/Pt 层"。内部为中空结构，且这种材料被完全固化，在结构内部产生一些缩孔和气孔。即在封闭体系中，除有少量固体残留外，微纳结构为空心，这可能是熔融材料在封闭体系中的汽化作用所致的。当激光能量使材料的温度超过沸点时，汽化的蒸汽充满微纳结构的顶部而凝固。

8.2.2　内部汽化膨胀形成鼓包图形

1. 鼓包图形[3]

正如马兰戈尼效应中提到的，当温度超过汽化温度时，封闭系统中的熔融物质可能会进一步蒸发。在封闭体系中，由于熔融材料的汽化作用，微纳结构将继续膨胀并变大，相应形成鼓包结构。

为了分析鼓包形成的物理机理，提出相应假设如下。

(1) 定义受影响区域为激光能量能达到最大深度的轨迹区。任何结构变化只发生在该区域，包括相变、熔化、蒸发和烧蚀。

（2）由于升温速率快，当温度超过汽化温度时，硫化物直接变为气态，忽略相变引起的体积变化。

（3）采用具有高斯强度分布的脉冲激光器，忽略整个过程中的热扩散和热损失。

（4）由于 AIST 相变材料受到碳膜的保护，假设该材料在激光加工过程中未发生烧蚀。激光曝光时材料蒸发产生的气体被固定在鼓包结构中而未溢出。

一般来说，当激光束曝光薄膜时，会与材料发生强烈的相互作用。部分薄膜被迅速加热到高于熔点和汽化的温度。由于加热速率高，材料迅速蒸发，强烈的气体膨胀导致材料发生较大的体积变化。若激光能量未达到相应值，材料冷却速率较快，到室温后，膨胀的体积保留作为微鼓包。激光曝光沉积在玻璃基片上的硫系化物相变薄膜的过程如图 8.2 所示。AIST 薄膜被加热到汽化阈值后形成的微鼓包阵列如图 8.2(a) 所示。实际上，微鼓包并不是一个完全封闭的空间，内部的气体与外部的空气发生相互扩散，使得微鼓包内外压力达到平衡，如图 8.2(b) 所示。在这个过程中，微鼓包内的一部分气体逃逸，另一部分则重新凝固。鼓包阵列的实验图像如图 8.2(c) 所示。然而，若激光能量过高，超过一定阈值，鼓包结构会变得更大且在顶端形成一个开孔，如图 8.2(d) 所示，鼓包顶端形成的孔尺寸约为 100 nm。

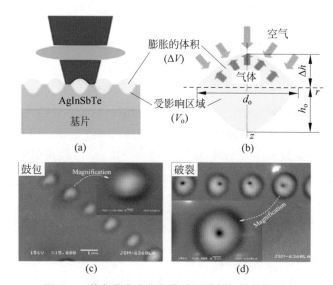

图 8.2　激光曝光硫化物薄膜形成鼓包结构的原理

（a）高斯激光曝光薄膜和（b）鼓包结构放大图（微鼓包与空气之间的气体扩散）[4]；（c）鼓包阵列；（d）鼓包顶端形成孔 SEM 图[3]

2. 汽化膨胀效应理论模型

一般情况下,当高斯激光束曝光硫化物相变薄膜时,单位体积和单位时间内的吸收能量计算如下:

$$g(r,z) = \alpha(1-R)\frac{2P}{\pi w^2}\exp\left(\frac{2r^2}{w^2}\right)\exp(-\alpha z) \tag{8.1}$$

式中,α 和 R 分别为材料的吸收系数和反射率,P 和 w 分别为激光功率和在峰值强度 $1/e^2$ 处的激光束半径,z 和 r 分别为离膜表面的深度和径向半径。在式(8.1)中,透射光的吸收部分用 $\alpha(1-R)$ 表示,沿 z 方向以指数 $\exp(-\alpha z)$ 递减,沿 r 方向呈高斯函数 $\exp(-2r^2/w^2)$ 分布。薄膜中的温度分布可以表示为

$$T(r,z) = g(r,z)\frac{\tau}{\rho C_p} \tag{8.2}$$

式中,ρ、C_p 和 τ 分别为材料的密度、热容和激光脉宽。当封闭系统的温度超过汽化温度时,体积膨胀计算如下:

$$p\Delta V = \frac{m}{M}R_0 T_h \tag{8.3}$$

式中,ΔV 为膨胀体积,p 是微鼓包内部压力。当微鼓包内外压力达到平衡时,p 等于 p_0,其中 p_0 为大气压。m 为蒸发物质的质量,M 是物质的摩尔质量,R_0($=8.31 \text{ J}/(\text{mol} \cdot \text{K})$)为气体常数,$T_h$ 是气体在此工作中所能达到的最高温度。在式(8.3)中,m 的值是关键因素。在脉冲激光曝光的整个区域中,只有一小部分物质被汽化并使其体积膨胀,这与激光能量分布有关。

对于高斯强度分布的激光束,只有中心区域的激光能量才能超过蒸发阈值,因此中心区域的物质才能被蒸发,其相应质量 m 如图 8.3(a)所示。与整个曝光区相比,该区域要小得多,可以近似地认为是一个圆柱体,如图 8.3(b)所示。气体区周围是液态和玻璃态。

为了得到蒸发物质的 m,首先要计算出圆柱体的直径 d_f 和高度 h_f。计算如下。

式(8.2)中,使 $T(r,z) = T_f$,T_f 为相变材料的汽化温度。在这个温度下可以得到吸收的能量,

$$g(r,z) = \frac{\rho C_p T_f}{\tau} \tag{8.4}$$

令 $r=0$,可以得到 z,即汽化区圆柱的 h_f,

$$z = h_f = \frac{1}{\alpha}\ln\frac{2P\alpha(1-R)\tau}{\pi w^2 \rho C_p T_f} \tag{8.5}$$

接着令 $z=0$,我们得到 r,即汽化区圆柱直径 d_f 的一半,

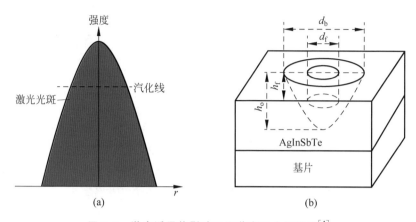

图 8.3　激光诱导热影响区和蒸发区分析模型[4]

(a) 激光光斑强度分布图；(b) 热影响区和蒸发区

$$r = \frac{d_f}{2} = \sqrt{\frac{w^2}{2} \ln \frac{2P\alpha(1-R)\tau}{\pi w^2 \rho C_p T_f}} \tag{8.6}$$

因此，蒸发物质的质量为

$$m = \rho V = \pi r^2 z \rho = \frac{\pi}{4} \rho d_f^2 h_f \tag{8.7}$$

这里，V 是圆柱体的体积，密度 $\rho = 6.98$ g/cm^3。最后，膨胀体积计算为

$$\Delta V = \frac{\pi R_0 \rho T_h h_f d_f^2}{4M p_0} \tag{8.8}$$

根据式(8.1)～式(8.7)，膨胀的体积取决于激光功率和脉宽，可以选择合适的激光参数设计、获得不同尺寸和形状的图形结构。

8.2.3　利用激光诱导微纳结构进行灰度光刻

微纳结构由于光散射和捕获效应，可改变光的反射率和透射率，从而可通过微纳结构实现灰度光刻。Sb$_2$Te$_3$ 是一种硫化物材料，对温度非常敏感，在脉冲激光作用下比其他材料更能观察到马兰戈尼和内部汽化效应，并能形成不同的图形。因此，以 Sb$_2$Te$_3$ 为例，在 Sb$_2$Te$_3$ 薄膜上实现不同灰度图像光刻。

在室温下采用溅射法直接在玻璃基片沉积厚度为 $50\sim100$ nm 的非晶态 Sb$_2$Te$_3$ 薄膜。以聚焦高斯激光束作为能量源时，由于热毛细和化学毛细效应的竞争，会形成不同的表面形态，如碗状、圆顶状和草帽状，如图 8.4 所示。

当激光能量略高于熔化阈值时，会产生沿径向的温度梯度，导致材料部分熔融。此外，由于存在热毛细效应，将驱动物质从热的中心区向冷的外围区移动，然后形成中心凹陷的碗状结构。典型的凹碗形状 AFM 如图 8.4(a)所示，插图为对应的截面轮廓。激光功率为 8 mW,脉宽为 5 ns,碗深度仅在表面以下 6 nm 左右。

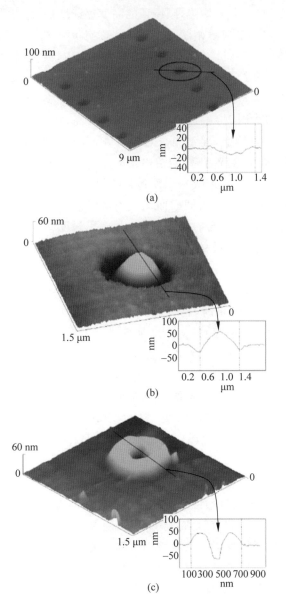

图 8.4　微纳图形 AFM 图(插图为截面曲线)[1]
(a) 微凹坑;(b) 草帽形;(c) 深碗形

当激光能量增加到另一个阈值时,化学毛细效应增强,熔池中部分材料蒸发。在熔池中形成表面浓度梯度,并将材料带向中心区域,使碗状结构底部变得平坦,一个圆而光滑的中央圆顶开始向外生长。在更高的激光功率下，由于化学毛细效应和内部汽化膨胀效应的不断增强，圆屋顶的高度逐渐增加，最终达到最大值，圆屋顶大于周围边缘的高度，形成草帽状结构。典型草帽状结构的 AFM 如图 8.4(b) 所示，插图是对应的横截面形状。激光功率约为 6.5 mW，激光脉宽约为 30 ns。环绕鼓包中心的圆环深度约为 25 nm，鼓包中心高度约为 50 nm，这使得它类似草帽形状。化学毛细效应和蒸发效应也达到峰值，完全占主导地位。

激光功率继续增大时，熔融区中心部分温度升高，热毛细效应再次占主导地位。这种效应将物质向外推，导致中央穿顶变宽，并在中部形成更深的凹陷或凹坑。同时，内部汽化效应会导致微/纳结构顶部破裂。因此，草帽形状逐渐消失，观察到不规则的坑洞结构，并且形成一个深碗状的图案。深碗状典型结构的 AFM 如图 8.4(c) 所示，插图是对应的横截面曲线。当激光功率约为 6.5 mW，脉宽约为 40 ns 时，环绕孔的凸起环高度约为 50 nm，中心孔深度约为 50 nm，达到薄膜厚度。中心孔的截面分布显示孔的底部是光滑的，这表明薄膜被激光脉冲完全熔化，使其像一个深碗。

通过精细调节激光脉宽或功率可获得更多的微纳结构，如图 8.5 所示，这里精细调节了脉宽。当 $t_p < 20$ ns 时，材料呈现浅凹坑形状。当 20 ns $< t_p < 34$ ns 时，圆形且光滑的中央穿顶向外延伸，逐渐增加到最大。在 $t_p > 34$ ns 时，随着脉冲能量的增加，中央穿顶逐渐变宽，碗状图形越来越深。当脉冲能量进一步增加到材料的烧蚀阈值时，材料被烧蚀，并在碗状结构中心区域形成一个开孔。

基于激光诱导微纳结构及光散射和捕获效应，采用激光热敏光刻技术在 Sb_2Te_3 薄膜上制备连续色调灰度图像。不同激光能量曝光的灰度级和相应的微观结构如图 8.6 所示。由图 8.6(a) 可得，当激光能量逐渐增加时，灰度级从 1 级变到 8 级。1 级最亮，8 级最暗。这些特征有利于形成复杂的任意灰度图像。相应灰度级的反射光谱如图 8.6(b) 所示。相邻两层的反射率差异很明显。由于光的散射和捕获效应，反射率随灰度值的增加而减小。这是因为微/纳结构的高度随着激光能量的降低而降低。光的散射和捕获效应也随着激光能量的减小而减小。弱光的散射和捕获效应增强了反射。灰度级别 1 到 8 的微纳结构的 SEM 如图 8.6(c) 所示。结构的大小随着灰度的增加而增大。由于低激光能量，灰度 1 呈现出尺寸为 300 nm 的非常细的微鼓包结构。随着激光能量的增加，开孔结构开始形成，灰度变暗。鼓包尺寸越大，灰度越深，灰度等级也就越大。随着激光能量的进一步增加，形成了直径约为 1 μm 的粗糙开孔结构，灰度最暗。

如图 8.6(e) 所示的高分辨光学图像是一只栩栩如生的小鸟，结构精细，与原图（图 8.6(d)）非常相似。在 AFM 插图中可以看到眼睛的细节。黑色的眼球比白色的眼球有更大的显微结构。由图 8.6(d) 和 (e) 可知，鸟的外观和表情刻写完整。一

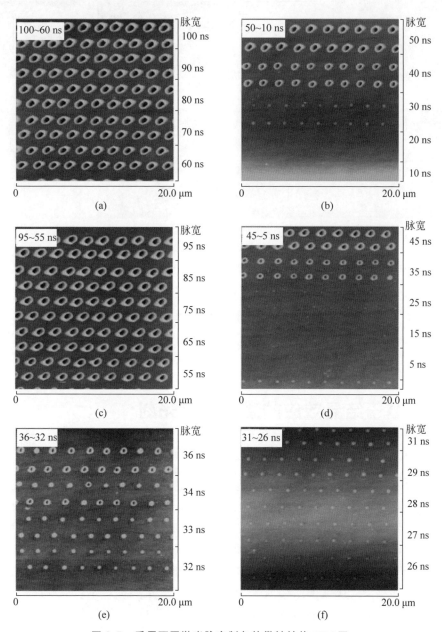

图 8.5　采用不同激光脉宽制备的微纳结构 AFM 图

（a）脉宽从 100 ns 到 60 ns；（b）脉宽从 50 ns 到 10 ns；（c）脉宽从 95 ns 到 55 ns；（d）脉宽从 45 ns 到 5 ns；（e）脉宽从 36 ns 到 32 ns；（f）脉宽从 31 ns 到 26 ns[1]

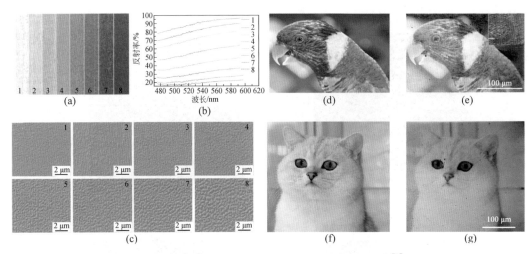

图 8.6   不同激光能量下 Sb_2Te_3 相变薄膜的灰度图[5]

(a) 灰度条；(b) 反射光谱；(c) SEM 观察到的微观结构；(d) 原始图像和(e)刻写的灰度鸟图像；
(f) 原始图像和(g)刻写的灰度猫图像

只栩栩如生的猫的原始图像和刻写图像分别如图 8.6(f)和(g)所示。相比之下，通过精确控制激光能量，栩栩如生的猫的表情和外观，尤其是火一样的眼睛和皮毛、胡须等精细结构都被完整地记录下来。

8.3   基于结晶效应的激光灰度光刻

8.3.1   激光能量诱导的反射率变化

在激光脉冲曝光后，除形貌发生变化外，当温度超过结晶阈值时，硫化物薄膜还经历了从非晶态到结晶态的结构变化，并伴随着光学反射率的变化。通过调节激光能量可以很好地控制结晶程度，光学反射率随结晶程度的变化而变化。因此，可以通过调整结晶程度对硫化物相变薄膜进行灰度图像光刻。

$Ge_2Sb_2Te_5$ 是一种典型的硫化物材料，可作为调整结晶程度实现灰度光刻的实例。连续激光曝光的结构演变 XRD 分析如图 8.7(a)所示，沉积样中只观察到一个以 28° 为中心的小峰，为非晶态。经激光曝光后，薄膜呈现明显的衍射峰，对应于典型的亚稳面心立方晶体。随着激光能量从 3700 mJ/cm^2 增加到 12000 mJ/cm^2，衍射峰变强。当激光能量进一步增加到 28000 mJ/cm^2 时，衍射峰逐渐变弱，这是由于激光曝光使得薄膜过度烧蚀后又转变为非晶态。

结构的演变导致了光学反射率的变化，如图 8.7(b)所示，其中 $Ge_2Sb_2Te_5$ 薄膜

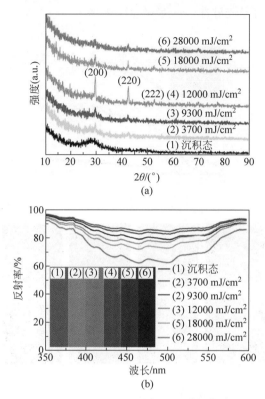

图 8.7　微观结构和反射光谱随激光强度的变化[6]

（a）X 射线衍射；（b）反射光谱（插图为多级灰度色调，激光波长 405 nm）

被不同的激光能量曝光。由图 8.7(b)插图可得，随着激光能量从 0 到 3700 mJ/cm^2 逐渐增加，Ge$_2$Sb$_2$Te$_5$ 薄膜的灰度逐渐变浅，随着激光能量从 3700 mJ/cm^2 到 28000 mJ/cm^2 逐渐增加，灰度逐渐变深。反射光谱表明，当激光能量为 3700 mJ/cm^2 时，反射率达到最大。随着激光能量的增加，反射率逐渐降低。反射率差高达 20%，从而产生较大的光学对比度。

　　晶化过程也可以通过纳秒激光脉冲和飞秒激光脉冲来实现，通过改变脉冲能量（包括激光脉冲功率和脉冲数）来调节结晶程度。不同能量下，不同脉冲数引起 Ge$_2$Sb$_2$Te$_5$ 薄膜反射率的变化（图 8.8(a)），其中脉宽为 85 fs。当脉冲能量为 0.21 nJ，脉冲数小于 45 时，反射率没有明显变化。当脉冲数大于 45 时，发生晶化，反射率发生变化。在脉冲能量为 0.28 nJ 的条件下，Ge$_2$Sb$_2$Te$_5$ 薄膜的反射率随脉冲数的增加而增大。在脉冲能量为 0.36 nJ 时，反射率随脉冲个数的增加而快速增加。在相同脉冲数的情况下，随着脉冲能量的增加，反射率增大。反射率差异主要是由结晶程度不同造成的。不同反射率导致不同灰度级，如图 8.8(b)所示，其中反射率对比度随着激光脉冲数的变化而变化。

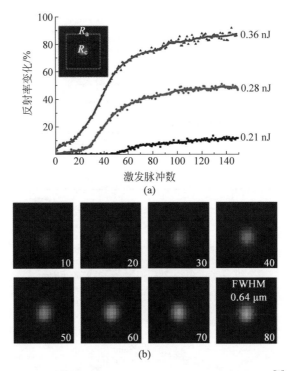

图 8.8　不同激光脉冲作用下 $Ge_2Sb_2Te_5$ 薄膜的变化[7]

（a）$Ge_2Sb_2Te_5$ 薄膜的光学反射率变化与激光脉冲数和激光能量的关系；（b）反射率对比度的光学图像（脉冲宽度为 85 fs，激光波长为 730 nm）

8.3.2　基于 $Ge_2Sb_2Te_5$ 薄膜的灰度光刻

多阶灰度图像可直接曝光到 $Ge_2Sb_2Te_5$ 薄膜上，飞秒激光脉冲制备的灰度图像如图 8.9 所示。一个螺旋板图形显示了 8 个灰度级。箭头表示激光脉冲数从 5 增加到 85，如图 8.9(a)所示。可见，随着脉冲数的增加，光学反射率对比度明显增大。图 8.9(b)为图(a)图像各部分反射率对比度变化的平均值。$Ge_2Sb_2Te_5$ 记录点的平均反射率随激光脉冲数的增加呈线性增加。更复杂的灰度图像也可记录在 $Ge_2Sb_2Te_5$ 薄膜上。图 8.9(d)是制备的小女孩肖像，这里通过计算机触发所需脉冲数精确落在图像的每个点实现灰度图像记录。图 8.9(c)是具有 8 阶灰度的原始图像。所制备的灰度图像与图 8.9(c)中的原始图像非常相似。

灰度图像也可通过连续激光直接制备，图 8.10 是在 $Ge_2Sb_2Te_5$ 薄膜上制备的复杂灰度图，其中激光能量密度范围从 0 到 93000 mJ/cm^2。刻写得栩栩如生的

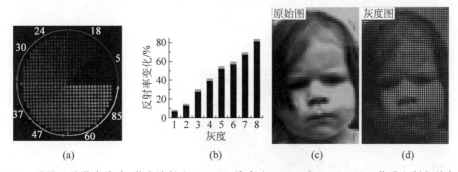

(a)　　　　　　　　　(b)　　　　　　　　(c)　　　　　　　(d)

图 8.9　采用飞秒激光脉冲(激光波长为 800 nm,脉宽为 85 fs)在 $Ge_2Sb_2Te_5$ 薄膜上制备的灰度
　　　　图像[7]

　　(a)螺旋板图案;(b)反射率与灰度级的关系;(c)小女孩原始图片;(d)刻写的小女孩灰度图像

花朵如图 8.10(b)~(d)所示,细节与图(a)~图(c)的原始图片相似。此外,正在睡
觉的小狗表情和外观如图(e)所示,栩栩如生的老虎如图(f)所示,可以看到其眼
睛、皮毛、胡须等精细结构。

(a)　　　　　　　(b)　　　　　　　(d)　　　　　　　(f)

图 8.10　在 $Ge_2Sb_2Te_5$ 薄膜(波长为 405 nm 的连续激光器)上制备的灰度图像,其中
　　　　图(a)和图(c)为原始图像,图(b)和图(d)~(f)为制备的灰度图像[6]

8.3.3　$Ge_2Sb_2Te_5$ 薄膜灰度光刻的应用

　　利用灰度光刻技术可制作光子元件。例如,基于 $Ge_2Sb_2Te_5$ 薄膜的非晶态和
晶态的二元灰度图可以用作二元光子元件。一个菲涅耳波带片如图 8.11(a)所示,
由 27 个菲涅耳环带组成,其直径为 66 μm,焦距为 50 μm。波带片产生了一个清
晰、明确的(0.75±0.05)μm 焦斑。整体尺寸为 68 μm 的超振荡(super-
oscillatory)二元透镜如图 8.11(b)所示。超振动透镜提供了对传播中的波干涉调
制,在 43.8 μm 的焦距处产生了(0.49±0.05)μm 的中心热斑。8 级灰度全息图如

图 8.11(c)所示,总体尺寸为 71 μm×71 μm。灰度全息图在 730 nm 波长下工作。将存储在灰度全息图中的图像用 730 nm 的平面波辐照后重建,观察到一个清晰的 V 形五点图形。

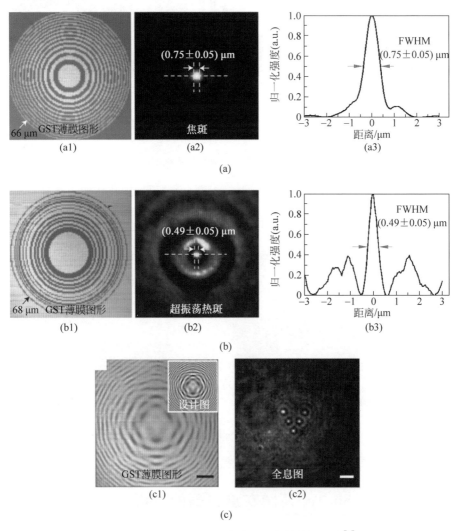

图 8.11   在 $Ge_2Sb_2Te_5$ 薄膜上制备的光子器件[8]

(a) 菲涅耳波带片,由波长为 730 nm 的激光束经过一个数值孔径为 0.9 的透镜辐照((a1)光学图像;(a2)生成焦斑;(a3)归一化强度分布);(b) 超振荡二元透镜,由波长为 730 nm 的激光束经过一个数值孔径为 0.9 的透镜辐照((b1)光学图像;(b2)生成焦斑;(b3)归一化强度分布);(c) 灰度全息图((c1)光学图像;(c2)重建的光斑图)

8.4　基于 TeO$_x$ 结构演化的灰度光刻

TeO$_x$ 薄膜实际上是 Te 和 TeO$_2$ 的混合物。Te 和 TeO$_2$ 在激光曝光后发生结构演化,结构的演变会引起光学反射率的变化。因此,可以通过激光诱导的结构演化在 TeO$_x$ 薄膜上实现灰度光刻。

8.4.1　结构演化特性

当具有高斯强度分布的激光束曝光 TeO$_x$ 薄膜时,TeO$_x$ 薄膜吸收了激光能量并被加热,从而导致温度上升。当温度上升超过一定阈值时,TeO$_x$ 结构发生演化。不同激光能量曝光 TeO$_x$ 薄膜的 XRD 如图 8.12(a)所示。沉积的 TeO$_x$ 薄膜为非晶态,在激光曝光形成结晶 Te。随着激光能量从 0 增加到 4200 mJ/cm^2,衍射峰变强。当激光能量大于 4200 mJ/cm^2 时,Te 晶体的衍射峰变弱。

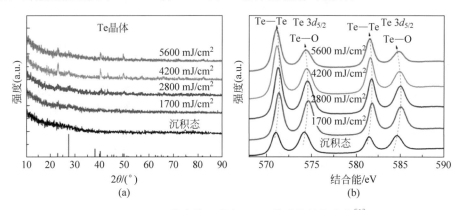

图 8.12　不同激光能量曝光 TeO$_x$ 薄膜的结构演化[9]

(a) XRD 分析;(b) XPS 分析

对 TeO$_x$ 薄膜进行了 XPS 分析,研究了在激光曝光下化学键的变化。图 8.12(b)为不同激光能量曝光 Te 3d 态的 XPS。对于沉积态样品,Te 3$d_{5/2}$ 图谱中对应 Te—Te 键和 Te—O 键的键能分别为 571.08 eV 和 574.28 eV,而 Te 3$d_{3/2}$ 图谱中对应 Te—Te 键和 Te—O 键的键能分别为 581.48 eV 和 584.68 eV。激光曝光后,峰位置向高能量方向移动,这归因于 Te 颗粒的偏析和结晶。随着激光能量从 1700 mJ/cm^2 增加到 5600 mJ/cm^2,Te—Te 键和 Te—O 键的峰值又轻微地向低能量转移,Te—O 键的强度变弱。这说明在不同的激光能量曝光,TeO$_x$ 薄膜的局部结构不同。

为了理解 TeO$_x$ 薄膜的结构演化,进行了 TEM 分析,结果如图 8.13 所示。

沉积态的 TEM 如图 8.13(a)所示,该区域均匀而精细,由许多颗粒结构组成。相对应的选择性区域电子衍射(SAED)图谱只显示了微弱的弥散环,表现出非晶态特征,这与上述沉积态的 TeO_x 膜为非晶态结构的 XRD 结果吻合较好。当激光能量很低时,细小的 Te 晶粒聚集到膜的最热区域,也就是气膜界面,导致 Te 晶粒尺寸的增大。激光曝光过程中的聚集程度主要取决于温度梯度,并以聚集为主。

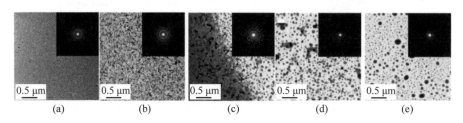

图 8.13 激光曝光 TeO_x 膜结构演变的 TEM 分析,插图为 SAED[10]

(a) 沉积态；(b) 激光能量超过 Te 的结晶阈值；(c) 熔化阈值；(d),(e) 烧蚀阈值

当激光能量增加到超过 Te 的结晶阈值时,Te 发生结晶,如图 8.13(b)所示,此时由于基体中出现大量黑色颗粒并分散,薄膜呈现亮暗状态。SAED 模式显示一些锐环,这可以归因于结晶 Te。这些环对应于 Te 的(0 0 1)、(1 0 0)、(1 0 1)和(0 0 2)晶面,未检测到其他相。结晶过程主要有两个方面：①非晶态 Te 在较低的激光能量下直接转化为晶态 Te；②熔融 Te 在室温下淬火后再结晶。随着激光能量的增加,当温度约为 360℃时,无定形 TeO_2 也会结晶并转变为 β-TeO_2,当温度超过 400℃时,β-TeO_2 转变为 α-TeO_2。

当薄膜被加热到 Te 元素的熔点时,Te 元素的迁移率变大。由于 Te 和 TeO_2 不相容,Te 与 TeO_2 分离,激光曝光引起热梯度效应会驱动其到上表面,最后在移除激光后表面形成 Te 富集层。Te 富集层导致光学反射率增大,TEM 如图 8.13(c)所示。与图 8.13(b)相比,黑色颗粒变得大得多,并聚集成大块。SAED 模式显示了多晶状态,在不同取向均有较大的结晶。

烧蚀区与基片呈相反的暗亮灰度,实际上是烧蚀程度不同的同一区域,因此形成围绕浅灰色中心的暗环。这种烧蚀发生在激光能量超过烧蚀阈值时,如图 8.13(d)所示,深灰色的颗粒在白色背景中分散。SAED 呈弥漫环,有一些明亮的小点分散在黑暗的背景中,说明该区域含有小而不规则取向的晶粒。当激光能量远远大于烧蚀阈值时,随机取向的结晶减少甚至消失,图 8.13(e)给出了相应的 TEM 分析,其中 SAED 图呈现单一的弥散环。

8.4.2 结构演化诱导灰度图形

在结晶、氧化、熔融和烧蚀过程中,由于不同的激光能量曝光,TeO_x 薄膜的光学反射率随结构演化而变化。不同激光能量曝光的反射光谱如图 8.14(a)所示。在可见光范围内,随着激光能量从 0 增加到 2800 mJ/cm^2,反射率增强。然而,随着激光能量从 2800 mJ/cm^2 增加到 5600 mJ/cm^2,反射率逐渐降低。插图给出了相应的灰度条,发现随着激光能量的增加,灰度先变浅后变深。TeO_x 薄膜上制备的任意灰度图像如图 8.14(b)~(e)所示,其中激光能量从 0 变化到 5600 mJ/cm^2。曝光的图形清晰,外观栩栩如生。

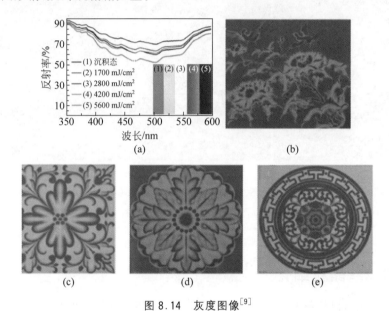

图 8.14   灰度图像[9]

(a) 反射光谱及不同激光能量诱导的灰度条;(b)~(e) 不同灰度图像

8.5   其他灰度光刻方法

8.5.1   表面氧化

金属薄膜的表面氧化是实现灰度图像光刻的另一种方法。详细的灰度机制归因于不透明金属和相应的透明金属氧化物的共存。例如,在激光作用下,锡薄膜可以通过激光诱导表面氧化转化为 SnO_x。通过改变激光能量可以控制 SnO_x 层的厚度,与锡金属相比,SnO_x 是透明的,因此可以通过调节激光能量来进行灰度光刻。厚度为 12 nm 的 Sn 薄膜灰度图像如图 8.15 所示。两级灰度图如图 8.15(a)所示,连续色调灰度图如图 8.15(b)~(d)所示。通过调节激光功率来实现不同灰度,高功率产生高透射率和低反射率。图像的每个像素均被分配到一个激光功率,以获得一定的透射率或反射率。一只栩栩如生的狼如图 8.15(c)所示，可以看到皮毛、胡须等精细结构。此外，In 薄膜也可以通过氧化作用实现灰度光刻，从而在 In 薄膜上制备出灰度图像[11]。一组具有不同灰度的光学图像如图 8.15(d)所示，其中更亮的区域被更高的激光功率曝光。

图 8.15　灰度图的光学图像

(a) 中国科学院徽像；(b) 2008 年北京奥运会徽像；(c) Sn 薄膜上制备的狼头像[12]；(d) In 薄膜上制备的多级灰度条[11]

8.5.2　晶粒细化

激光加热可以诱导晶粒细化，从而降低光的散射，改变光的反射率和透射率。通过磁控溅射制备的碲(Te)薄膜通常为结晶状态，通过激光曝光可进一步细化晶粒。晶粒细化分析如图 8.16 所示。未曝光区和曝光区 AFM 图像对比如图 8.16(a)所示，分别标记为 1 和 2。插图是截面曲线。区域 1 的表面明显比区域 2 光滑。微区反射光谱对比如图 8.16(b)所示，激光曝光区的反射明显大于未曝光区。激光曝光使颗粒变小，小颗粒排列紧密，使 Te 薄膜表面更光滑，使光散射更低，反射率更高。微区拉曼光谱如图 8.16(c)所示，可以看到未曝光区在 127 cm^{-1} 和 145 cm^{-1} 出现了两个明显的拉曼峰，分别对应 Te—Te 键的两种振动模式（A_1 和 E_{TO} 模式）。激光曝光后，在 121 cm^{-1} 和 140 cm^{-1} 处，两个峰的强度均无明显变化，峰位置均移至低波数区。拉曼位移与材料的晶粒尺寸密切相关，小晶粒尺寸导致拉曼峰偏移到较低波数。X 射线衍射结果如图 8.16(d)所示，未曝光区的峰位置和形状与曝光区相同，均对应于六方晶系的 Te 晶粒。但是，在曝光区衍射峰强度低于未曝光区，这也说明曝光区晶粒尺寸减小，结晶度降低。

根据激光诱导晶粒细化效应，在 Te 薄膜上制备了两级灰度图像。微六角星、

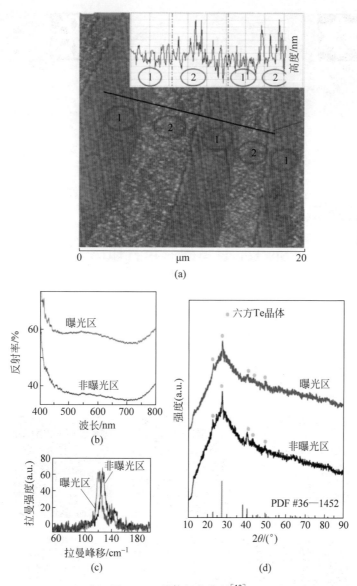

图 8.16　晶粒细化分析[13]

（a）非曝光区和曝光区 AFM 图（插图为截面曲线）；（b）微区反射光谱；（c）微区拉曼光谱；（d）XRD 图

微雪花、微齿轮图案的光学图像和微六角星的 SEM 图案如图 8.17 所示。插图给出了相应的原始图片。所得图像清晰,与原始图像相似。

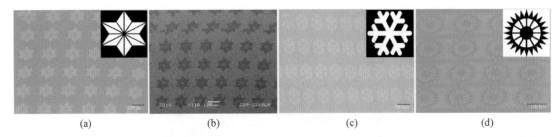

图 8.17　Te 薄膜上制备的微六角星(a)、微六边形(b)SEM 图,以及微雪花(c)、微齿轮(d)光学图像[13]

8.6　激光热敏彩色打印

8.6.1　基于 Sb_2Te_3 薄膜的彩色打印

通过在玻璃基片上依次沉积 Sb_2Te_3 薄膜和 ZnS-SiO$_2$ 薄膜形成堆垛层,采用激光热敏光刻技术可进行任意图形的彩色打印[14]。其中的 ZnS-SiO$_2$ 薄膜作为透明介质层及干涉层,而 Sb_2Te_3 薄膜作为图形层。不同激光能量曝光堆垛层产生不同的彩色,如图 8.18 所示。发现激光能量为 1.8×10^4 mJ/cm^2 时,样品颜色从黄色变为棕色。激光能量进一步增加到 2.6×10^4 mJ/cm^2 时,样品颜色从棕色变为暗棕色。当达到 3.4×10^4 mJ/cm^2 时,颜色进一步变为浅棕色和淡蓝色。

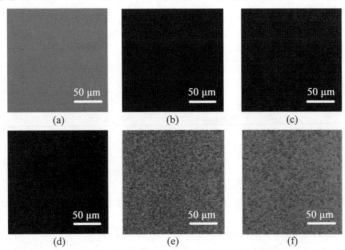

图 8.18　不同激光能量曝光"玻璃基片/Sb_2Te_3/ZnS-SiO$_2$"堆垛层制备的多级彩色[14]

(a) 未激光曝光；(b) 1.8×10^4 mJ/cm^2；(c) 2.3×10^4 mJ/cm^2；(d) 2.6×10^4 mJ/cm^2；(e) 2.9×10^4 mJ/cm^2；(f) 3.4×10^4 mJ/cm^2

不同激光曝光堆垛层产生不同颜色是由于形成了不同的微观结构,其表面形貌如图 8.19 所示。可以看到随着激光能量逐渐增加到 3.4×10^4 mJ/cm²,堆垛层表面产生不同的鼓包结构,不同激光能量引起鼓包尺寸和高度变化,导致不同的表面粗糙度。当激光能量从 0 增加到 2.6×10^4 mJ/cm²,表面粗糙度逐渐从 2.22 nm 增加到 9.1 nm。当能量从 2.9×10^4 mJ/cm² 增加到 3.4×10^4 mJ/cm²,表面粗糙度从 75.1 nm 急剧增加到 219 nm。由于不同高度及不同尺寸的鼓包结构引起 Sb_2Te_3 和 ZnS-SiO₂ 薄膜之间的腔长变化,导致不同的光学共振吸收及反射,从而产生不同的颜色。

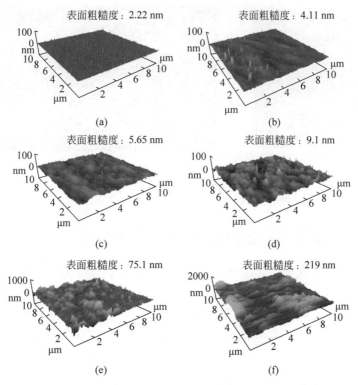

图 8.19　不同激光能量下堆垛层的表面形貌 AFM 图[14]

(a) 未激光曝光;(b) 1.8×10^4 mJ/cm²;(c) 2.3×10^4 mJ/cm²;(d) 2.6×10^4 mJ/cm²;(e) 2.9×10^4 mJ/cm²;(f) 3.4×10^4 mJ/cm²

基于堆垛结构的鼓包特性,可制备出任意彩色图像,如图 8.20 所示。图 8.20(a)~(d)是不同颜色的中国科学院徽像。可通过调节激光能量,引起鼓包尺寸及高度变化,实现不同彩色。图 8.20(e)是制备的彩色狮子头像。

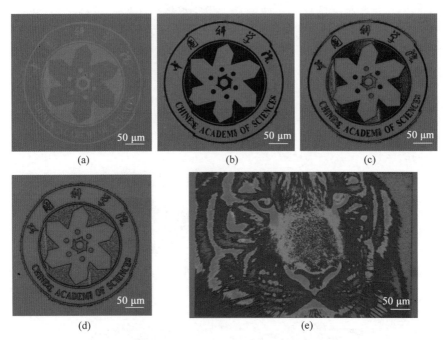

图 8.20　在不同激光能量下进行的彩色打印

(a)～(d) 不同激光能量下的中国科学院徽像；(e) 彩色狮子头像[14]

8.6.2　基于 $Ge_2Sb_2Te_5$ 薄膜的彩色打印

$Ge_2Sb_2Te_5$ 薄膜在激光作用下可发生非晶态到晶态的结构转变，并产生明显的光学对比度，同时更高的激光能量也会引起薄膜鼓包，表面形貌产生明显变化。因此，基于 $Ge_2Sb_2Te_5$ 薄膜的堆垛层设计可用于实现激光热敏彩色打印，原理如图 8.21 所示[15]。首先在玻璃基片上沉积 $Ge_2Sb_2Te_5$ 薄膜，随后在 $Ge_2Sb_2Te_5$ 薄膜上沉积 $ZnS\text{-}SiO_2$ 薄膜得到堆垛结构。由于 $Ge_2Sb_2Te_5$ 薄膜与 $ZnS\text{-}SiO_2$ 薄膜之间的干涉效应，可通过调节薄膜厚度得到不同颜色，如图 8.21(a) 所示。当激光曝光后，$Ge_2Sb_2Te_5$ 薄膜吸收激光能量并被加热。当温度超过相变阈值时，$Ge_2Sb_2Te_5$ 薄膜晶化，导致折射率变化，结合薄膜干涉效应产生不同颜色，如图 8.21(b) 所示。增加激光能量，导致堆垛层形成鼓包结构，不同的鼓包结构尺寸引起颜色进一步改变。因此，在堆垛层上通过调节微观结构实现多种颜色。

图 8.22 给出了不同激光能量作用下堆垛层的表面形貌 AFM 及 XRD 结果。从图 8.22(a)～(c) 可以看到，当激光能量从 0 增加到 1.8×10^4 mJ/cm^2，表面形貌光滑平整；当能量进一步增加到 2.6×10^4 mJ/cm^2，表面产生明显的微鼓包结构。从图 8.22(d) 可以看到当没有激光曝光时堆垛层为非晶态，无衍射峰出现。当激

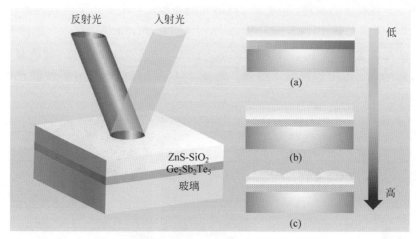

图 8.21　"ZnS-SiO$_2$/Ge$_2$Sb$_2$Te$_5$/玻璃基片"堆垛层的彩色打印[15]

(a) 未激光曝光；(b) 激光诱导晶化；(c) 激光诱导鼓包

光能量为 1.8×10^4 mJ/cm^2 和 2.6×10^4 mJ/cm^2 时,样品均呈现明显的衍射峰,对应于面心立方 Ge$_2$Sb$_2$Te$_5$ 晶相。因此,不同激光能量引起不同的微观结构,如晶化和鼓包。结合多层薄膜干涉效应实现不同彩色的调控。

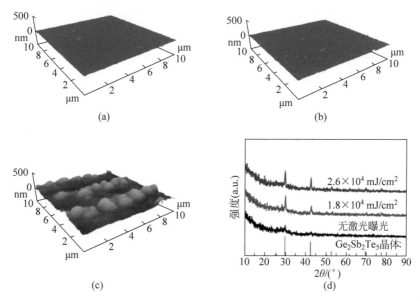

图 8.22　不同激光能量下"ZnS-SiO$_2$/Ge$_2$Sb$_2$Te$_5$/玻璃基片"堆垛层的三维 AFM 图[15]

(a) 未激光曝光；(b) 1.8×10^4 mJ/cm^2；(c) 2.6×10^4 mJ/cm^2；(d) 相应的 XRD 图

基于上述提出的机理,通过激光热敏光刻在堆垛层上制备了任意的彩色图像,如图 8.23 所示。其中 ZnS-SiO$_2$ 薄膜厚度为 75 nm,而 Ge$_2$Sb$_2$Te$_5$ 薄膜厚度为 30 nm,激光能量为 $8\times10^3\sim1.3\times10^4$ mJ/cm^2。图 8.23(a)是在不同能量下打印的具有六种颜色的中国科学院徽像。图 8.23(b)是打印的具有多种颜色的卡通图像。

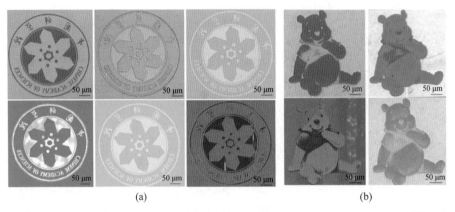

图 8.23　在"ZnS-SiO$_2$/Ge$_2$Sb$_2$Te$_5$/玻璃基片"堆垛层上制备的任意彩色图像[15]

(a) 中国科学院徽像;(b) 卡通熊

8.7　本章小结

激光诱导热结构演变和形态变化导致可见光波长范围内光学反射率变化,这被用于灰度图像光刻。结合多层薄膜干涉,还可实现多级彩色图像打印。本章介绍了不同的激光热敏灰度光刻技术、彩色打印技术及相应的光学器件应用。激光热敏灰度光刻技术还可以进一步应用于制作灰度掩模板。

参考文献

[1] DUN A,WEI J,GAN F. Marangoni effect induced micro/nano-patterning on Sb$_2$Te$_3$ phase change thin film by laser pulse[J]. Appl. Phys. A,2010,103:139-147.

[2] DUN A,WEI J,ZHAO H. Focused ion beam milled pattern structures induced by laser pulse on AgInSbTe phase change films[J]. Mater. Lett. ,2012,66:324-327.

[3] WEI J,JIAO X,GAN F,et al. Laser pulse induced bumps in chalcogenide phase change films[J]. J. Appl. Phys. ,2008,103:124516.

[4] DUN A,WEI J,GAN F. Patterned structures fabricated on chalcogenide phase-change thin

films by laser direct writing[J]. Thin Solid Films,2011,519：3859-3864.

［5］　WANG R，WEI J，FAN Y. Chalcogenide phase-change thin films used as grayscale photolithography materials[J]. Opt. Express,2014,22：4973-4984.

［6］　WEI T,WEI J,ZHANG K,et al. Grayscale image recording on $Ge_2Sb_2Te_5$ thin films through laser-induced structural evolution[J]. Sci. Rep. ,2017,7：42712.

［7］　WANG Q,MADDOCK J,ROGERS E T F,et al. 1. 7 Gbit/in. 2 gray-scale continuous-phase-change femtosecond image storage[J]. Appl. Phys. Lett. ,2014,104：121105.

［8］　WANG Q,ROGERS E T F,GHOLIPOUR B,et al. Optically reconfigurable metasurfaces and photonic devices based on phase change materials[J]. Nat. Photonics,2015,10：60-65.

［9］　WEI T,WEI J,ZHANG K,et al. Image lithography in telluride suboxide thin film through controlling "virtual" bandgap[J]. Photon. Res. ,2017,5：22-26.

［10］　DUN A,MA X,WEI J,et al. Laser-induced grayscale patterning in TeO_x thin films[J]. Mater. Chem. Phys. ,2011,131：406-412.

［11］　GUO C F,ZHANG J,MIAO J,et al. MTMO grayscale photomask[J]. Opt. Express,2010,18：2621-2631.

［12］　GUO C F,ZHANG Z,CAO S,et al. Laser direct writing of nanoreliefs in Sn nanofilms [J]. Opt. Lett. ,2009,34：2820-2822.

［13］　WEI T,WEI J,ZHANG K,et al. Origin of arbitrary patterns by direct laser writing in telluride thin film[J]. RSC Adv. ,2016,6：45748-45752.

［14］　WEI T,WEI J,LIU B. Multi-color modulation based on bump structures of phase-change material for color printing[J]. Opt. Mater,2019,98：109445.

［15］　WEI T,LIU B,LI W,et al. Direct laser printing color images based on the microstructure modulation of phase change material[J]. Optics & Laser Technology,2021,138：106895.

第 **9** 章

激光热敏光刻胶的图形转移

9.1　引言

　　激光热敏光刻可在热敏光刻胶上实现任意微纳结构制造。但在实际应用中，微纳结构还需要进一步从光刻胶转移到硅、石英或蓝宝石等不同的基片上。另外，光学/电子元件等也需要图形转移技术。本章主要介绍基于激光热敏光刻的图形转移技术。

9.2　基于 ICP/RIE 的图形转移

　　电感耦合等离子体(ICP)和反应离子刻蚀(RIE)技术因其低成本、高分辨优势是传统光刻工艺中常见的图形转移方法，可实现石英玻璃或硅基片的图形转移。采用激光热敏光刻获得的微纳图形也可通过 ICP/RIE 方法转移到石英或硅基片上。

9.2.1　无机热敏光刻胶的图形转移

1. AIST 图形转移到石英基片

　　图 9.1 是微纳结构从 AIST 光刻胶转移到石英基片的图形转移过程示意图。首先，采用射频磁控溅射法在石英基片上制备了 AIST 热敏光刻胶。透射电子显微镜(TEM)表明沉积态 AIST 薄膜具有非晶结构。其次采用激光热敏光刻系统(激光波长为 405 nm，聚焦透镜的数值孔径 NA＝0.65 或 NA＝0.40)对 AIST 光

刻胶曝光,TEM 结果表明曝光区转变为晶态结构。接着在碱性溶液中显影曝光后的样品,在 AIST 光刻胶上得到微纳结构。

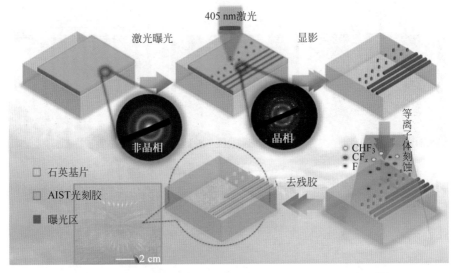

图 9.1　微纳结构从 AIST 光刻胶转移到石英基片的工艺流程[1]

AIST 光刻胶上的图形结构需要通过等离子体刻蚀进一步转移到石英基片上。用于硅基刻蚀的化学气体主要包括氟(F)、氯(Cl)、溴(Br)。其主要反应产物分别为 SiF_4(沸点 $-86℃$)、$SiCl_4$(沸点 57.6℃)和 $SiBr_4$(沸点 154℃)[1]。由于氟化物的沸点较低,在氟基气体中的反应具有最高的选择比、最快的 SiO_2 刻蚀速率和较低的反应温度。此外,反应产生的 F—C 聚合物将提高侧壁的抗腐蚀能力(也抑制化学反应的各向同性)。因此,采用 CHF_3/Ar 作为刻蚀气体,通过 ICP 将光刻胶上的图形转移到石英基片上。ICP 蚀刻后的残留 AIST 光刻胶通过碱性溶液去除。薄膜的厚度用台阶仪(KLA-Tencor D-100)测试,TEM(JEM-2100,JEOL)、原子力显微镜(AFM,Multi-mode V,Veeco)和扫描电子显微镜(SEM,Merlin Compact,Zeiss)用来表征结构的表面形貌和横截面。此外,利用 X 射线光电子能谱(XPS,PEQ2000,ESCA)对所有表面元素的化学键合情况进行表征。

通过优化曝光能量、光斑大小和显影时间,在 AIST 光刻胶上得到了具有不同线宽、相同占空比(1∶1)的光栅结构。图 9.2(a)给出了线宽分别为 2 μm、1 μm 和 200 nm 的光栅结构二维和三维 AFM 结果。图形高度接近光刻胶膜厚,凹槽底部光滑平整,表明曝光样品已显影完全。图 9.2(b)是转移到石英基片上的图形结构 SEM 图。在最佳等离子体刻蚀条件下(腔室气压 2 Pa,射频功率 600 W,CHF_3/Ar 气体流量为 200 sccm/15 sccm),AIST 光刻胶上的光栅结构已成功转移到石英基片上。通过优化刻蚀工艺参数,可以获得较高的 $SiO_2/AIST$ 刻蚀选择比(3∶1)、表面质量(RMS 粗糙度<1 nm)和保真度。转移到基片的结构线宽和占空比与光刻胶上的图形相比基本保持不变。转移后的图形侧壁垂直,表面光滑,表明 AIST 热敏光刻胶具有良好的抗刻蚀特性。

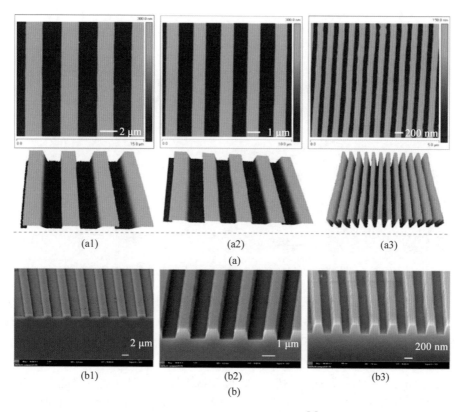

图 9.2　AIST 薄膜上的图形转移[1]

(a) 在 AIST 薄膜上得到的光栅图形 AFM 图((a1)高度 260 nm；(a2)高度 320 nm；(a3)高度 90 nm)；

(b) 图形转移到石英基片上的 SEM 图((b1)高度 800 nm；(b2)高度 1 μm；(b3)高度 200 nm)

在图形转移中,采用 CHF_3 作为等离子体刻蚀的反应气体。SiO_2 与 CHF_3 的反应蚀刻过程可描述如下[2-4]。首先发生以下化学反应产生 F 自由基：

$$CHF_3 + e^- \longrightarrow CHF_2^+ + F(自由基) + 2e^- \tag{9.1}$$

然后,F 自由基与 SiO_2 反应产生 O_2：

$$SiO_2 + 4F(自由基) \longrightarrow SiF_4 \uparrow + O_2 \uparrow \tag{9.2}$$

O_2 继续与 CHF_2^+ 反应：

$$O_2 + CHF_2^+ \longrightarrow CO \uparrow + CO_2 \uparrow + H_2O \uparrow + F(自由基) \tag{9.3}$$

该反应可促进 F 自由基的产生和对石英基片的刻蚀。

为了研究 AIST 在等离子体刻蚀中的反应刻蚀机理,利用 XPS 分析了刻蚀产物的化学组成,分析了表面/亚表面元素的结合能。图形转移所采用的等离子体刻蚀工艺参数如下:气压 1.8 Pa,功率 600 W,CHF_3/Ar 流量比 200 sccm/10 sccm。图形转移前(显影后样品)用 Ar^+ 轰击 60 s 以去除空气污染和/或氧化形成的覆盖层。图形转移后的样品也被 Ar^+ 轰击 60 s 以测试亚表面的成分。

图 9.3 显示了不同样品(等离子刻蚀前后的表面或亚表面)、不同元素的 XPS 光谱。在图 9.3(a)中,显影后的 AIST 光刻胶层表面可以观察到两个结合能分别为 367.90 eV 和 373.90 eV 的 Ag 3d 峰,归结于 Ag—Ag 或 Ag—O 键[5-6]。在刻蚀过程中,Ag 首先与式(9.2)中生成的 O_2 反应:

$$4Ag + O_2 \longrightarrow 2Ag_2O \tag{9.4}$$

Ag_2O 的引入在表面形成了致密的氧化层,抑制了 F 自由基与 AIST 中 Ag 元素的反应。Ag—Ag 键断裂,形成更稳定的 Ag—O 键,两个峰向更高的结合能(368.0 eV 和 374.0 eV)方向偏移。在 Ar 中进一步刻蚀后得到亚表面,两个峰均移回原位(367.9 eV 和 373.9 eV)。

在图 9.3(b)中,显影的 AIST 光刻胶表面上出现位于 444.0 eV 和 451.5 eV 处的两个 In 3d 峰,对应于 In—In 键[7-8]。在图形转移过程中发生以下氧化反应:

$$4In + 3O_2 \longrightarrow 2In_2O_3 \tag{9.5}$$

其中 O_2 来自式(9.2)的反应。In_2O_3 形成致密的氧化层,抑制了 F 元素的反应。在图形转移后的样品表面和亚表面,由于形成了更稳定的 In—O 键(445.1 eV 和 452.6 eV),两个峰向更高结合能方向移动[9]。

Sb 3d 的 XPS 光谱如图 9.3(c)所示。在图形转移前,样品表面主要存在 Sb—Sb 键[10],其结合能分别为 528.0 eV 和 537.5 eV。在等离子体刻蚀过程中,Sb 与 F 自由基发生以下反应:

$$Sb + 3F(自由基) \longrightarrow SbF_3 \downarrow \tag{9.6}$$

其中 F(自由基)来自式(9.1)和式(9.3)的化学反应。虽然离子轰击后基片温度可以达到 $100 \sim 200℃$,但由于脱附所需的电离能较高(SbF_3 的沸点温度约为 $376℃$),SbF_3 的产物在 ICP 刻蚀过程中仍会以沉积物形式存在。XPS 结果表明在刻蚀后,样品表面出现了位于 530.36 eV 和 539.86 eV 能量处的两个新峰,这对应于 Sb—F 键,但峰强度大大降低。Ar^+ 进一步刻蚀 60 s 后的亚表面仍存在 Sb—F 键。另外,亚表面的 Sb—Sb 键的相对含量高于表面 Sb—Sb 键。

为了验证上述结果,通过 F 1s 和 C 1s 光谱(图 9.3(e)和(f))分析了表面和亚表面的腐蚀产物。在图形转移后的样品表面,F 1s 的两个峰值分别出现在 684.88 eV 和 687.58 eV。在 684.88 eV 处的峰值对应于 Sb—F 键,在 Ar^+ 进一步刻蚀 60 s 后,SbF_x 仍保留在亚表面。这一结果与 Sb 的 3d 光谱一致。687.58 eV

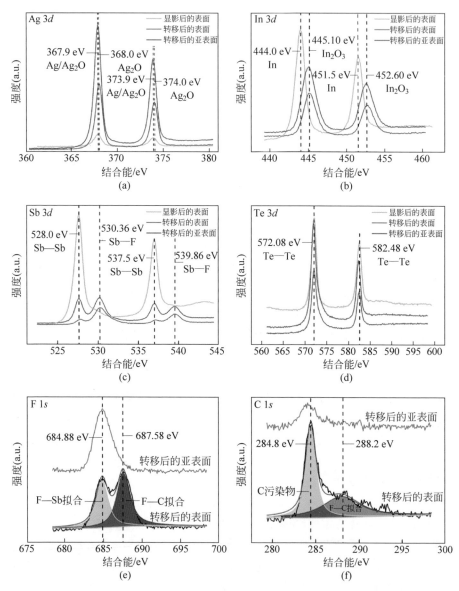

图 9.3　AIST 光刻胶的 XPS 分析[1]

(a) Ag 3d；(b) In 3d；(c) Sb 3d；(d) Te 3d；(e) F 1s；(f) C 1s

为 F—C 聚合物的特征峰，这一结果可由 C 1s 光谱进一步证实。刻蚀后 C 1s 的两个峰值分别出现在 284.8 eV 和 288.2 eV 处，分别对应于大气污染和氟碳聚合物。Ar^+ 进一步轰击 60 s 后，大部分污染物和聚合物被去除。

图 9.3(d)显示了 Te 3d 的 XPS 光谱。在 572.08 eV 和 582.48 eV 处分别只

有两个峰。这两个峰对应于 Te—Te 键[11]。Te 与 F 自由基的反应过程为

$$Te + 6F(自由基) \longrightarrow TeF_6 \uparrow \qquad (9.7)$$

由于产物 TeF_6 的沸点较低(−38.9℃),处于气态,可通过真空系统直接抽出。AIST 光刻胶图形转移到石英基片涉及的化学反应具体过程如图 9.4(a)所示。光刻胶中的金属 Ag 和 In 被氧化,在表面形成了 Ag_2O 和 In_2O_3 的致密氧化层。SiF_4、CO、CO_2、H_2O 和 TeF_6 的挥发性产物被真空系统抽出,而非挥发性产物 SbF_3 则残留在样品表面和次表面。

众所周知,ICP 刻蚀过程可分为两部分:Ar^+ 物理刻蚀和 F 自由基反应刻蚀。图 9.4(b)显示了这两种工艺的蚀刻速率差异。物理刻蚀和反应刻蚀的工作气体分别为 Ar 和 CHF_3。其他的刻蚀参数,如腔室压力和气体流速保持在经验值不变。一般来说,SiO_2 的反应刻蚀速率几乎是 AIST 光刻胶的 5 倍。而对于物理刻蚀,SiO_2 和 AIST 光刻胶的刻蚀速率基本相同。这表明 ICP 刻蚀主要以反应刻蚀

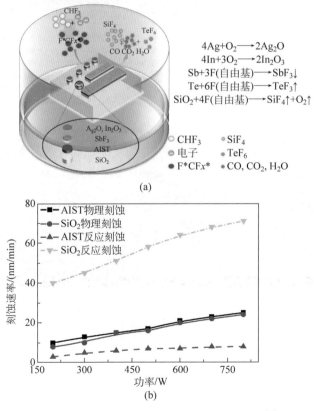

图 9.4　AIST 和 SiO_2 选择性刻蚀的机理分析[1]

(a) 刻蚀反应示意图;(b) AIST 和 SiO_2 刻蚀速率比较

进行。因此，AIST 光刻胶与 SiO_2 之间的刻蚀选择性机理如下：一方面，SiO_2 与 CHF_3 反应生成 SiF_4。SiF_4 完全由真空系统抽出，基本上通过反应刻蚀去除 SiO_2；另一方面，AIST 与 CHF_3 发生反应，SbF_3 产物重新沉积在光刻胶上，降低了 AIST 与 F 自由基的反应速率。

为了验证制造不同弧度、尺寸和密度等复杂图形的可行性。采用 AIST 热敏光刻胶作为掩膜，在透明石英基片上制备了一系列微纳多功能光学元件，如图 9.5 所示。在透明石英基片上制备了微米级的菲涅耳波带片、方形网格、圆形柱和菱形网格结构。插图是红色标记区域的放大结构。在透明石英基片上可获得最小线宽为 130 nm 的微纳结构，是目前采用激光热敏光刻所达到的最高分辨率。

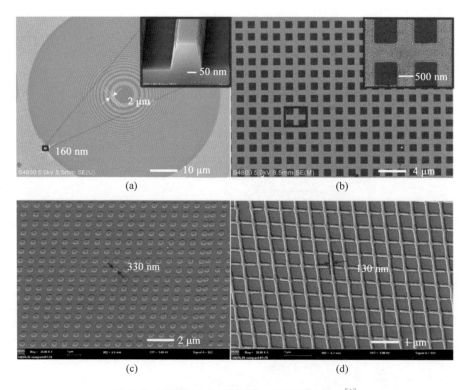

图 9.5　石英基片上图形结构的扫描电镜图像[1]

(a) 菲涅耳波带片结构；(b) 方形网格结构；(c) 圆形柱结构；(d) 十字网格结构。插图是所选区域(红框)的放大图

为了验证该方法的有效性，我们在 2.5 英寸的石英基片上成功制备了矩形衍射光栅，如图 9.6(a)所示。图 9.6(b)显示了光栅表面和横截面的 SEM 图像。实验测量的光栅衍射效率与理论计算的光栅衍射效率符合得很好(图 9.6(c))，验证

了激光热敏光刻制备微纳结构的有效性和可行性。测量了垂直入射 TM 波在 0.6~ 2 μm 波长范围内的衍射效率曲线,与耦合波方法计算的理论衍射效率基本一致。

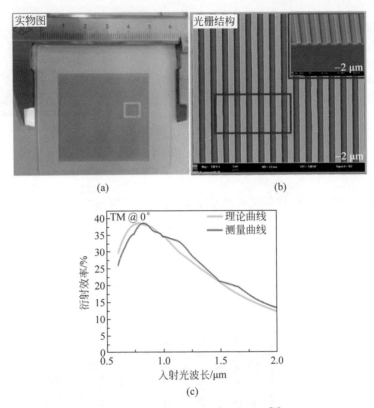

图 9.6　2.5 英寸的衍射光栅元件[1]

(a) 光栅结构的光学照片;(b) 光栅结构的 SEM 图,插图显示选定区域的详细结构;(c) 光栅结构衍射效率的理论值与测量值

2. ZnS-SiO$_2$ 图形转移到石英基片

ZnS-SiO$_2$ 也可作为热敏光刻胶实现微纳结构制备,并将其作为硬掩模进一步将图形转移到石英基片[12],具体制备工艺如图 9.7 所示。图 9.7(a)是采用激光热敏光刻在 ZnS-SiO$_2$ 薄膜上制备的微纳结构,其中 AgInSbTe 薄膜作为光吸收层,沉积在石英基片和 ZnS-SiO$_2$ 薄膜之间。曝光的 ZnS-SiO$_2$ 光刻胶通过氢氟酸显影得到圆柱结构,即 ZnS-SiO$_2$ 作为负性热敏光刻胶。以 ZnS-SiO$_2$ 光刻胶为硬掩膜(图 9.7(b)),通过干法刻蚀将圆柱结构进一步转移到石英基片上,如图 9.7(c)所示,残余 ZnS-SiO$_2$ 掩膜被氢氟酸溶液完全去除,如图 9.7(d)所示。从而在石英基片上获得了特征尺寸为 90 nm、高度为 40 nm 的圆柱结构,如图 9.7(e)所示。但

ZnS-SiO$_2$ 薄膜和石英基片间的刻蚀选择性较差,无法在石英基片上获得高深宽比的微纳结构。

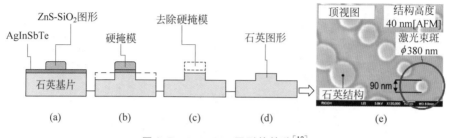

图 9.7 ZnS-SiO$_2$ 图形的转移[12]

(a) ZnS-SiO$_2$ 图形；(b) 干法刻蚀；(c) 湿法去胶；(d) 石英基片；(e) 石英基片上的圆柱结构 SEM 图

ZnS-SiO$_2$ 薄膜也可用作正性热敏光刻胶[13],并通过反应离子刻蚀技术将图形转移到石英基片上,具体工艺参数如下：SF$_6$/Ar 流量比为 40 sccm/10 sccm,刻蚀功率为 140 W,工作压力为 20 mTorr(1 Torr≈133 Pa),刻蚀时间 60 s。残余 ZnS-SiO$_2$ 薄膜被氢氟酸去除干净。SiO$_2$ 基片上制造光栅 AFM 图像如图 9.8 所示。凹槽线宽为 670 nm,凹槽深度为 15 nm。光栅均匀且边缘清晰,但图形深宽比有待进一步提高。

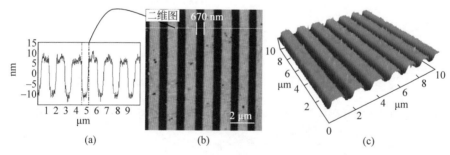

图 9.8 基于 ZnS-SiO$_2$ 正性光刻胶作为图形模板的石英基片的 AFM 图像[13]

(a) 横截面轮廓；(b) 二维图像；(c) 三维图像

3. Ge$_{1.5}$Sn$_{0.5}$Sb$_2$Te$_5$ 图形转移到石英基片

Ge$_{1.5}$Sn$_{0.5}$Sb$_2$Te$_5$ 也是一种优越的热敏光刻胶[14],可实现石英基片与光刻胶间的高刻蚀选择比,图形转移的工艺流程如图 9.9 所示。首先,在石英基片上沉积一层 Ge$_{1.5}$Sn$_{0.5}$Sb$_2$Te$_5$ 薄膜,通过激光热敏光刻对该薄膜进行曝光,随后采用硝酸溶液显影从而在薄膜上获得高度为 20 nm、线宽为 170 nm 的光栅图形。随后,通过 ICP/RIE 技术将显影的结构转移到石英基片,采用 CHF$_3$ 作为刻蚀气体。研究了气体流量、刻蚀压力和功率对石英基片与 GSST 刻蚀选择性的影响,结果如图 9.10

所示。石英基片对 GSST 的刻蚀选择性随着气体压力和 CHF_3 流量的增加而降低,而随着刻蚀功率从 100 W 增加到 250 W 先逐渐增加,但随着刻蚀功率的进一步增加,刻蚀选择性显著降低。

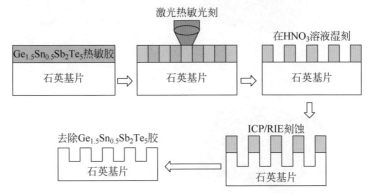

图 9.9 GSST 图形转移到石英基片

刻蚀选择性机制如下:在腔室中辉光放电时,CHF_3 首先分解产生 F 自由基:

$$CHF_3 + e \longrightarrow CHF_2^+ + F(自由基) + 2e \tag{9.8}$$

F 自由基与石英反应生成 SiF_4 气体:

$$SiO_2 + 4F \longrightarrow SiF_4 + O_2 \tag{9.9}$$

CHF_2 自由基与 O_2 继续反应,形成 CO、CO_2 和 COF_2 气体,SiO_2 刻蚀完成。

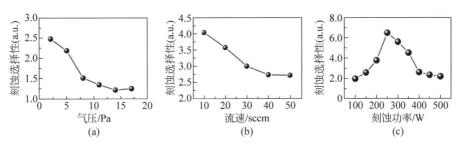

图 9.10 GSST 薄膜对石英基片的刻蚀选择性与刻蚀压力(a)、流速(b)和刻蚀功率(c)的关系[14]

当刻蚀功率为 250 W、刻蚀压力为 2 Pa 以及 CHF_3 气体流量为 10 sccm 时,石英基片对 $Ge_{1.5}Sn_{0.5}Sb_2Te_5$ 的刻蚀选择比高达 6.7:1。图 9.11(c)和(d)是在石英基片上制备的高度为 100 nm、线宽为 210 nm 的光栅结构。其左右侧壁的倾角约为 90°,具有较好的刻蚀形貌。

4. $Ge_2Sb_{1.5}Bi_{0.5}Te_5$ 图形转移到 Si 基片

高深宽比的结构还可通过 $Ge_2Sb_{1.5}Bi_{0.5}Te_5$(GSBT)热敏光刻胶作为掩模,转

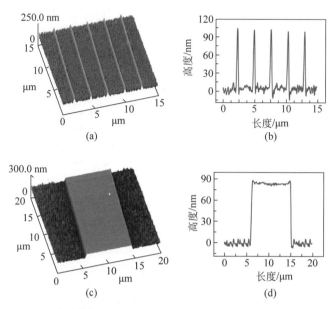

图 9.11　GSST 图形转移到石英基片的 AFM 图：光栅结构高度为 100 nm，线宽为 210 nm[13]

(a) AFM 图；(b) 横截面；(c) 单线条 AFM 图；(d) 横截面[14]

移到 Si 基片上[15]。首先通过激光热敏光刻方法对 GSBT 薄膜曝光，再通过湿法刻蚀显影出微纳结构，最后通过干法刻蚀将图形转移到 Si 基片上，其中 SF_6 气体为干法刻蚀气体。图 9.12(a) 给出了 SF_6 流量对 Si/GSBT 薄膜的刻蚀速率和刻蚀选择性的影响，其中刻蚀功率为 30 W，工作气压为 10 Pa。可以看到随着 SF_6 流量逐渐增加，GSBT 薄膜的刻蚀速率轻微增加，而 Si 基片的刻蚀速率显著增加，当 SF_6 流量高于 50 sccm 时 Si 刻蚀速率降低。Si 对 GSBT 的刻蚀选择比随 SF_6 流量增加而逐渐增大当高于 40 sccm 时降低，其最大刻蚀选择比约为 75∶1。这种现象被认为是 Si 和 GSBT 在 SF_6 气体中有不同的刻蚀机制。其中 Si 与氟化物的刻蚀由以下反应控制：

$$e + SF_{xg} \longrightarrow SF_{(x-1)g} + F_g + e \ (x = 3 \sim 6, g \text{ 表示气态}) \tag{9.10}$$

$$Si + 4F_g \rightarrow SiF_4 \tag{9.11}$$

　　Si 的刻蚀速率与 F 原子的密度和 F 在表面的反应概率成正比。增加 SF_6 流量将增强 Si 的刻蚀，然而，进一步增加 SF_6 流量将缩短 Si 表面的气体停留时间，减小 Si 与氟自由基反应的概率。因此，当 SF_6 流速超过 40 sccm 时，Si 的刻蚀率会降低。然而，SF_6 未与 GSBT 发生反应，GSBT 刻蚀以物理碰撞为主，其效率远低于 Si 刻蚀，GSBT 的刻蚀速率也相对较低。

　　图 9.12(b) 是刻蚀功率对 Si 和 GSBT 薄膜的刻蚀速率及刻蚀选择性影响，其

中 SF$_6$ 流量为 40 sccm，气压为 10 Pa。可以看到 Si 刻蚀速率随功率从 20 W 增加到 50 W 而急剧增加，但随着刻蚀功率进一步提高到 150 W 而逐渐达到饱和，GSBT 的蚀刻速率稳步提高。Si 对 GSBT 的刻蚀选择比随着刻蚀功率增加先急剧增加随后降低，当刻蚀功率为 50 W 时，Si 对 GSBT 刻蚀选择比高达 201∶1。这是因为随着刻蚀功率的增加，氟原子与 Si 的反应变得更加强烈。然而，与 Si 反应的氟原子受到 SF$_6$ 流量的限制，因此，Si 的刻蚀速率在高功率下趋于饱和。另外，GSBT 的刻蚀是一个物理轰击过程，由于等离子体的平均动能较高，随刻蚀功率增加刻蚀效率变大。

图 9.12(c)是刻蚀压力对 Si 和 GSBT 薄膜的刻蚀速率及刻蚀选择性影响，其中 SF$_6$ 流量为 40 sccm，刻蚀功率为 50 W。发现随着刻蚀气压增加，GSBT 和 Si 的刻蚀速率及刻蚀选择比先增加后降低。当刻蚀气压为 14 Pa 时，Si 与 GSBT 的刻蚀选择比高达 524∶1。高的刻蚀选择比是由于刻蚀气压引起两种效应的相互竞争：一方面，刻蚀气压增加导致离子轰击增强，有利于刻蚀；另一方面，增加的刻蚀气压缩短了气体分子的平均自由程，这样降低了 F 自由基或离子参与物理轰击的能量，其不利于刻蚀的进行。两种效应的竞争导致如图 9.12(c)所示的刻蚀速率变化规律。

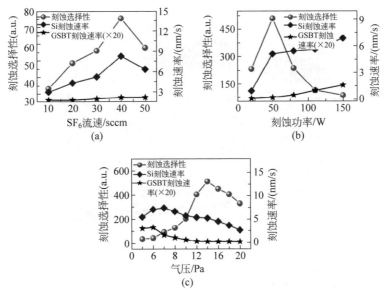

图 9.12 SF$_6$ 流量(a)、刻蚀功率(b)和刻蚀压力(c)对 Si 和 GSBT 薄膜的刻蚀速率及刻蚀选择性影响[15]

利用 GSBT 和 Si 基片之间的高刻蚀选择比成功将 GSBT 薄膜上的光栅结构转移到 Si 基片上。图 9.13(a)是通过激光热敏光刻技术在 GSBT 薄膜上曝光的光栅结构，由于晶化引起的密度增加而体积减小，刻写深度约为 3 nm。曝光样品在 KOH 溶液中湿法显影得到深度约为 75 nm 的光栅结构，如图 9.13(b) 所示。光栅结构转移到硅基片的形貌如图 9.13(c) 所示。硅基片上的光栅结构均匀，平均线边缘粗糙度为 10 nm，线宽和深度分别为 530 nm 和 350 nm。

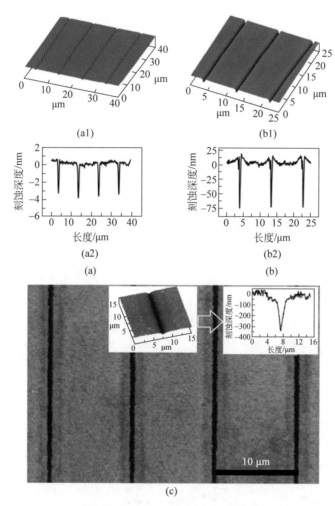

图 9.13　GSBT 薄膜上图形的转移

(a) 利用激光热敏光刻在 GSBT 薄膜上曝光的光栅结构形貌((a1) AFM 图，(a2) 横截面曲线)；(b) 在 KOH 溶液中显影后的 GSBT 光栅结构形貌((b1) AFM 图，(b2) 横截面曲线)；(c)通过 RIE 刻蚀转移到 Si 基片的光栅结构 SEM 图(插图为 AFM 图和横截面)[15]

5. GeSbSnO$_x$ 图形转移到 Si 基片

为了使转移到 Si 基片的图形结构具有高深宽比，要求激光热敏光刻胶相比 Si

基片具有更高的抗刻蚀特性和更大的刻蚀选择性比。$GeSbSnO_x$ 薄膜是一种性能优异的激光热敏光刻胶。基于 $GeSbSnO_x$ 薄膜的图形转移流程如图 9.14 所示。首先利用激光热敏光刻系统对沉积在硅基片上的 $GeSbSnO_x$ 薄膜进行曝光,其次将曝光样品浸没在碱性溶液中显影,从而在 $GeSbSnO_x$ 薄膜上形成特征尺寸为 350 nm 的孔状结构,再以此为掩模板,通过 RIE 方法将孔状结构转移到 Si 基片上。

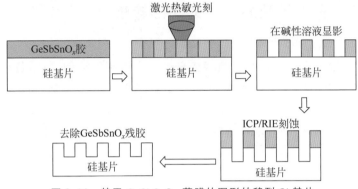

图 9.14　基于 $GeSbSnO_x$ 薄膜的图形转移到 Si 基片

在图形转移过程中,刻蚀工艺参数,包括钝化/刻蚀时间比、刻蚀气压和功率对 Si 基片上的孔结构刻蚀深度有重要影响,结果如图 9.15 所示。由图 9.15(a)可

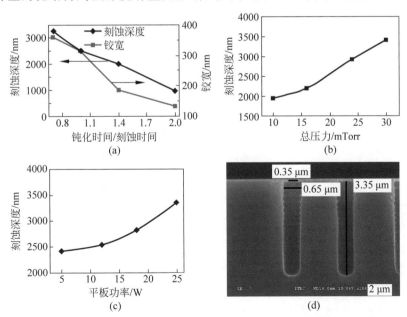

图 9.15　钝化/刻蚀时间比(a)、总压力(b)和压板功率(c)对孔结构刻蚀深度的影响,以及刻蚀孔结构的 SEM 图像(d)[16]

得,刻蚀深度和刻蚀宽度随着钝化/刻蚀时间比的增加而减小。图 9.15(b)表明,孔结构的刻蚀深度随着气压增加而增加。当刻蚀功率小于 12 W 时,刻蚀深度增加平缓,当大于 12 W 时,刻蚀深度明显增加,如图 9.15(c)所示。通过优化刻蚀参数,孔状结构的孔径和深度分别为 650 nm 和 3.35 μm,深宽比高达 5,如图 9.15(d)所示。结果也表明刻蚀气体的变化可能是造成顶部螺纹形状的主要原因。

9.2.2 有机热敏光刻胶的图形转移

1. 有机热敏光刻胶薄膜

利用汽化效应可直接在有机热膜光刻胶上形成图形结构,包括各种有机光刻胶,如环芳烃衍生物[17]和铜-肼-络合物[18]。通过 ICP/RIE 方法,将图形结构进一步转移到基片上,具体工艺流程如图 9.16 所示。首先在基片上旋涂有机热敏光刻胶涂层作为图形掩模(图(a));其次利用激光加热致汽化作用将图形结构直接刻写在有机热敏光刻胶上(图(b));最后通过 ICP/RIE 技术将图形结构转移到基片(图(c))。

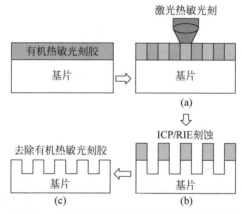

图 9.16　有机热敏光刻胶上的图形转移到基片

图 9.17(a)给出了从环芳烃衍生物光刻胶转移到石英基片上的直径为 519 nm 且深度为 68 nm 的孔状阵列结构。孔状阵列结构也可从铜-腙-络合光刻胶转移到石英基片上,其特征尺寸为 382 nm,如图 9.17(b)所示[18]。然而,图形的深宽比较差,图形边缘不陡,需要进一步优化 ICP/RIE 工艺参数。另外,图形结构也可转移到硅基片上,得到半间距为 90 nm 且深度为 100 nm 的娥眼结构,如图 9.17(c)所示[19]。在反应离子刻蚀过程中采用的刻蚀气体为 SF_6,Si 基片与有机热敏光刻胶的刻蚀选择比达到 2.5。

有机热敏光刻胶的图形结构还可通过多步工艺转移到蓝宝石基片。例如,文献报道了半间距为 200 nm 且深度为 90 nm 的孔形结构被转移到蓝宝石基片上,

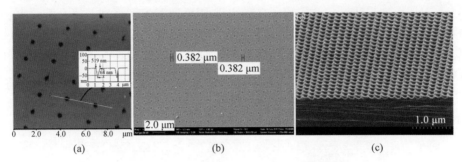

(a)   (b)   (c)

图 9.17　从有机热敏光刻胶转移的图形结构

(a) 环芳烃衍生物光刻胶转移的孔状阵列结构的 AFM 图像[17]；(b) 铜-腙-络合光刻胶转移图形的 SEM 图像[18]；(c) 从光刻胶转移的娥眼结构[19]

结果如图 9.18 所示。具体工艺如下：首先，有机热敏光刻胶曝光得到图形结构；其次，热敏光刻胶的图形结构通过 ICP/RIE 方法转移到 SiO_2 薄膜中；最后利用 SiO_2 薄膜作为硬掩模，将图形结构转移到蓝宝石基片上。

图 9.18　蓝宝石基片 SEM 图，孔形结构直径为 200 nm 且深度为 90 nm[19]

2. 有机和无机热敏光刻胶组合

有机光刻胶上的图形结构可通过无机热敏光刻胶的辅助作用转移到基片上，称为双光刻胶互补光刻技术[20]。具体工艺流程如图 9.19 所示。

(1) 首先在蓝宝石基片上均匀旋涂一层厚度为 800 nm 的 SU8 光刻胶，并在 110℃ 条件下预烘 30 min。

(2) 随后在 SU8 光刻胶上通过反应溅射沉积一层厚度为 80 nm 的 $GeSbSnO_x$ 热敏光刻胶。

(3) 接着在 $GeSbSnO_x$ 光刻胶上进行激光热敏曝光。

(4) 随后将曝光样品放置于四甲基氢氧化铵溶液中显影 1 min，从而在 $GeSbSnO_x$ 光刻胶上得到特征尺寸小于激光光斑的图形结构（孔阵列）。

(5) 以 $GeSbSnO_x$ 光刻胶为图形掩模，采用 ICP-RIE 方法对 SU8 光刻胶进行刻蚀。

（6）图形结构通过含氯等离子体的 ICP-RIE 进一步转移到蓝宝石基片上，其中 SU8 用作图形掩模。据报道，GeSbSnO$_x$ 对氧等离子体具有很强的抗刻蚀性，但对氯等离子体没有抗蚀性，而 SU8 光刻胶对氯等离子体具有良好的抗蚀性，但对氧等离子体无抗蚀性。

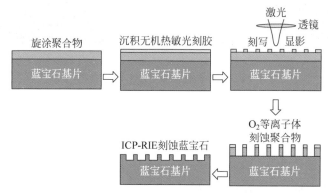

图 9.19　双光刻胶互补光刻技术[20]

通过双光刻胶互补光刻技术获得的孔阵列结构如图 9.20 所示。SU8 光刻胶上的孔阵列如图 9.20(a) 所示，其结构具有恒定的间距且排列整齐，呈现密集且均匀的结构。由图 9.20(a) 插图可知，SU8 光刻胶刻蚀陡直度为 95°，顶部和底部直径分别是 487 nm 和 400 nm。基于氧等离子体的 ICP/RIE 刻蚀 SU8 层至 800 nm 深度，GeSbSnO$_x$ 层厚度基本保持不变而仍完整保留。图形转移到蓝宝石基片上的结构如图 9.20(b) 所示，其中氯等离子体用于刻蚀蓝宝石基片。在刻蚀过程中，GeSbSnO$_x$ 光刻胶由于对氯等离子体的抗蚀性较差而迅速消除。由图 9.20(b) 插图可得，蓝宝石基片的刻蚀深度达到了 260 nm，SU8 掩模被完全去除。孔阵列的顶部直径和底部直径分别是 780 nm 和 500 nm。刻蚀孔的侧壁不陡直可能是由于过度刻蚀引起。

(a)　　　　　　　　　　　　　(b)

图 9.20　孔结构 SEM 图[20]

(a) 在 SU8 光刻胶上（插图为横截面）；(b) 在蓝宝石基片上（插图为横截面）

9.3　基于刻蚀技术的 GaAs 图形转移

热敏光刻胶上的图形结构可通过湿法刻蚀转移,工艺流程如图 9.21 所示。热敏光刻胶薄膜沉积在基片上,用激光热敏光刻技术在热敏光刻胶上曝光图形,随后显影获得图形结构,图形结构通过湿法刻蚀进一步转移到基片上,最后通过酸性或碱性溶液去除残余热敏光刻胶。

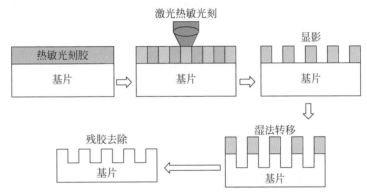

图 9.21　基于湿法刻蚀的图形转移流程

采用湿法刻蚀转移方法在 GaAs 基片上制造的亚波长光栅结构如图 9.22 所示[21]。在图 9.22(a)中,$Ge_2Sb_{1.8}Bi_{0.2}Te_5$(GSBT)为热敏光刻胶。GSBT 薄膜首先通过激光热敏光刻进行曝光,然后在 TMAH 溶液中显影。采用 NH_4OH(25%)∶H_2O_2(30%)∶$H_2O=1∶0.2∶50$ 的溶液刻蚀 20 s 实现图形转移。GaAs 与 GSBT 的刻蚀选择性比达到 2.5∶1。转移后的亚波长光栅宽度和深度分别约为 115 nm 和 100 nm。

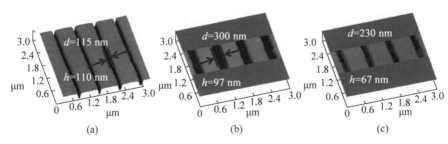

图 9.22　转移到 GaAs 基片上的图形结构 AFM 图[21]

(a) GSBT 薄膜；(b) GST 薄膜；(c) Ti 薄膜

图 9.22(b)给出了从 GST 光刻胶到 GaAs 基片的光栅图形转移,实现了周期

为 800 nm 的光栅结构制造。具体工艺如下：首先,采用激光热敏光刻技术在 GST 薄膜上制造光栅结构。然后,通过湿法刻蚀将光栅结构从 GST 薄膜转移到 GaAs 基片,其中刻蚀溶液为 KOH(48%)：H_2O_2(30%)：H_2O=1：3.5：70,刻蚀时间为 6 s。GaAs 与 GST 的刻蚀选择性比高达 3.6：1,高于 GaAs 与 GSBT 的刻蚀选择比。GaAs 基片上的光栅结构具有 300 nm 线宽和 97 nm 深度,如图 9.22(b) 所示。

除了 GST 和 GSBT 作为热敏光刻胶,Ti 薄膜也被用于在 GaAs 基片上制造光栅结构。首先在 GaAs 基片上沉积一层厚度为 10 nm 的 SiO_2 薄膜作为缓冲层。然后,在 SiO_2 薄膜上沉积一层厚度为 40 nm 的 Ti 薄膜作为热敏光刻胶。通过激光热敏光刻技术对 Ti 薄膜曝光,在氢氟酸溶液中显影出光栅图形。光栅结构通过湿法刻蚀转移到 GaAs 基片,其中刻蚀溶液为 KOH(48%)：H_2O_2(30%)：H_2O=1：3.5：70,刻蚀时间为 6s。从而将光栅图形转移到 GaAs 基片(图 9.16(c)),结构宽度和深度分别为 230 nm 和 67 nm。与 GST 和 GSBT 光刻胶相比,采用 Ti 薄膜作为热敏光刻胶获得的光栅结构粗糙,不利于半导体制造。

9.4 基于光存储技术的图形转移

9.4.1 电镀

电镀是将图形转移到基片的另一种方法,已被广泛用于高分辨率、大容量数据存储光盘母盘制造[22-23]。通过激光热敏光刻制造的图形结构也可以通过电镀方法转移,如图 9.23 所示。工艺流程如下：

(1) 无机热敏光刻胶沉积到玻璃基片上;

(2) 通过激光热敏光刻系统将图形结构曝光到热敏光刻胶上;

(3) 曝光后的光刻胶进行湿法显影,从而在热敏光刻胶上获得图形结构;

(4) 通过电镀方法在显影后的光刻胶上沉积数十微米厚的镍(或铜)薄膜;

(5) 将镍(或铜)薄膜与热敏光刻胶分离,得到具有图形结构的镍(或铜)压印模板。

针对光存储应用,Ni(或 Cu)模板上的结构可通过激光热敏光刻中的图形发生器转换为光学信息点。通过热压印技术,这些结构进一步转移到塑料基片上。因此,衬底与 Ni(或 Cu)模板分离后,可在塑料基片上得到具有所需光学信息点结构。

对于只读式存储(ROM)光盘,在塑料基片上溅射铝合金薄膜作为反射层,再在铝薄膜上涂一层膜作为保护层,最终形成具有信息点结构的光盘。研究人员报道了采用激光热敏光刻技术和电镀转移方法实现了容量 25.2 GB 的高分辨蓝光只

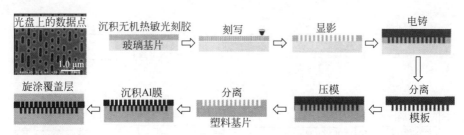

图 9.23 蓝光只读光盘母盘的制造工艺流程[23]

读式存储光盘制造,其中激光波长为 405 nm,通过数值孔径为 0.95 的物镜聚焦在热敏光刻胶上实现图形曝光[23-24]。

9.4.2 直接模板压印

热敏光刻胶(如 WO_x)因其高强度及高刚性可直接用作多层光盘制造的压印模板[25]。工艺流程如图 9.24 所示。

(1) 在氩气和氧气的混合气体中,采用反应溅射方法将 WO_x 薄膜溅射到玻璃基片上,如图 9.24(a)所示。

(2) 利用激光热敏光刻系统将光学信息曝光在 WO_x 薄膜上,如图 9.24(b)所示,其激光波长为 351 nm,聚焦透镜的数值孔径为 0.9。

(3) 曝光样品在碱性溶液中显影,使未曝光的 WO_x 热敏光刻胶溶解,从而获得具有凸点结构的 WO_x 压印模板(PTM),如图 9.24(c)所示。

(4) 多层光盘可以通过光聚合(2P)工艺制造。例如,在玻璃基片上旋涂 UV固化树脂薄膜,如图 9.24(d)所示。然后将 PTM 模板贴合到 UV 树脂薄膜上,通过光聚合工艺将 PTM 模板结构转移到 UV 树脂上,如图 9.24(e)所示,由于 WO_x薄膜的高透过特性,UV 光透过 PTM 模板使玻璃基片上的 UV 树脂发生聚合反应并固化。

(5) 将玻璃基片与 PTM 模板分离,如图 9.24(f)所示,从而将 PTM 模板的光学信息结构复制到玻璃基片。

(6) 在光聚合物层上溅射一反射层,如图 9.24(g)所示,获得一张光盘。

(7) 针对多层光盘的制造,可重复图 9.24(e)和(f)的制造过程。涂有光聚合物的聚碳酸酯(PC)基片黏合到反射层上,如图 9.24(h)所示。

(8) 玻璃基片与 PC 基片分离,如图 9.24(i)所示。

(9) 最后,旋涂 0.1 mm 厚的透明涂覆层,得到所需的多层光盘,如图 9.24(j)所示。

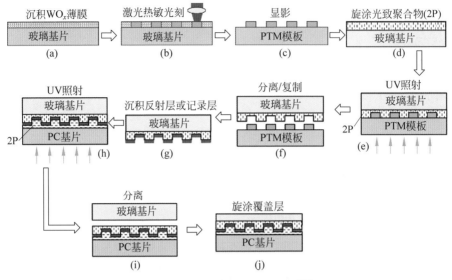

图 9.24　光盘制造工艺流程图[27]

(a) 在玻璃基片上沉积 WO$_x$ 薄膜；(b) 激光热敏曝光；(c) 在碱性溶液中显影得到 PTM 模板；(d) 在玻璃基片上旋涂光致聚合薄膜；(e) 紫外压印将通结构转移到 2P 薄膜；(f) 将 2P 薄膜与 PTM 模板分离；(g) 将反射层(或记录层)沉积到图形结构上；(h) 通过 UV 照射将结构从玻璃基片转移到 PC 基片；(i) 将玻璃基片与PC 基片分离；(j) 在 PC 基片上旋涂覆盖层[25]

9.4.3　RIE 转移

热敏光刻胶 ZnS-SiO$_2$ 薄膜也可用于制造高密度光盘母盘[26-27]，具体工艺流程如图 9.25 所示。

（1）首先在硅基片上沉积 100 nm 厚的硅薄膜，所沉积的硅薄膜为非晶态，用作热吸收层，随后在 Si 薄膜上沉积 50 nm 厚度的 ZnS-SiO$_2$ 薄膜，作为热敏光刻胶层，如图 9.25(a)所示。

（2）图形结构(数据信号)通过激光热敏光刻曝光到 ZnS-SiO$_2$ 层，如图 9.25(b)所示。

（3）对曝光的 ZnS-SiO$_2$ 层进行显影获得图形结构，如图 9.25(c)所示。

（4）ZnS-SiO$_2$ 薄膜作为硬掩模，通过 ICP-RIE 方法将图形结构转移到 Si 层，如图 9.25(d)所示，其中非晶硅薄膜被刻蚀。

（5）残留的 ZnS-SiO$_2$ 层被移除，获得光盘模板，如图 9.25(e)所示。图 9.25(f)是制备的容量为 200 GB 的硅模板 SEM 图[26]。

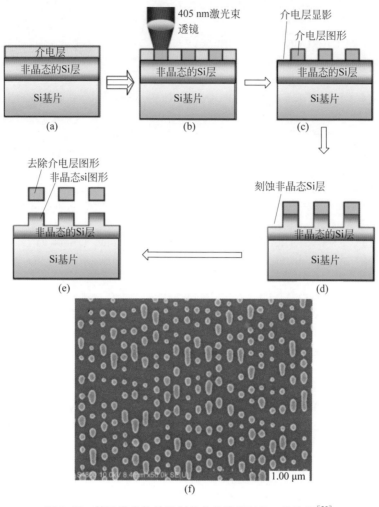

图 9.25　基于激光热敏光刻技术的模板制造工艺流程[26]

（a）在硅基片上沉积硅层和介电层；（b）在介电层上曝光图形；（c）显影；（d）通过 ICP-RIE 方法刻蚀 Si 层；（e）移除介电层；（f）基于上述工艺制造的容量 200 GB 光盘母盘 SEM 图

参考文献

［1］　CHEN G，ZHENG J，WANG Z，et al. Fabrication of micro/nano multifuntional patterns on optical glass trough chalcogenide heat-mode resist AgZnSbTe［J］. J. Alloys and Compounds，2021，867：158988.

［2］　MATSUI M，KUWAHARA K. Selective silica etching over Si_3N_4 using a cyclic process with BCl_3 and fluorocarbon gas chemistries[J]. Jpn. J. Appl. Phys. ,2018,57: 06BJ01-06BJ01-6.

[3] METZLER D,BRUCE R L, ENGELMANN S, et al. Fluorocarbon assisted atomic layer etching of silica using cyclic Ar/C_4F_8 plasma[J]. J. Vac. Sci. Technol. A,2014,32: 020603-020603-4.

[4] RAD M A,IBRAHIM K K, MOHAMED K. Formation of silica surface textures via CHF_3/Ar plasma etching process of poly methyl methacrylate self-formed masks[J]. Vacuum,2014,101: 67-70.

[5] FUGGLE J C,KALLNE E, WATSON L M, et al. Electronic structure of aluminum and aluminum noble-metal alloys studied by soft-X-ray and X-ray photoelectron spectroscopies [J]. Phys. Rev. B,1977,16: 750-761.

[6] SCHÖN G,TUMMAVUORI J, LINDSTRÖM B, et al. ESCA Studies of Ag, Ag_2O and AgO[J]. Acta Chem. Scand. ,1973,27: 2623-2633.

[7] HOLLINGER G, SKHEYTA - KABBANI R, GENDRY M. Oxides on GaAs and InAs surfaces: an X-ray-photoelectron-spectroscopy study of reference compounds and thin oxide layers[J]. Phys. Rev. B,1994,49: 11159-11167.

[8] CAHEN D,IRELAND P J,KAZMERSKI L L, et al. X-ray photoelectron and auger electron spectroscopic analysis of surface treatments and electrochemical decomposition of $CuInSe_2$ photoelectrodes[J]. J. Appl. Phys. ,1985,57: 4761-4771.

[9] HEWITT R W, WINOGRAD N. Oxidation of polycrystalline indium studied by X-ray photoelectron spectroscopy and static secondary ion mass spectroscopy[J]. J. Appl. Phys, 1980,51: 2620-2624.

[10] PAN J,FANG W W,ZHANG Z, et al. Study of interfaces between phase-change material $Ge_2Sb_2Te_5$ and prevalent complementary metal-oxide semiconductor materials by XPS [J]. Surf. Interface Anal,2012,44: 1013-1017.

[11] THOMAS J M,ADAMS I, WILLIAMS R H, et al. Valence band structures and core-electron energy levels in the monochalcogenides of gallium. Photoelectron spectroscopic study[J]. J. Chem. Soc. Faraday T,1972,68: 755-764.

[12] MIURA H,TOYOSHIMA N, TAKEUCHI K, et al. Nanometer-scale patterning of ZnS-SiO_2 by heat-mode lithography[J]. Ricoh Technical Report,2007,33: 36-43.

[13] WEI T,WEI J, ZHANG K, et al. Laser heat-mode lithography characteristics and mechanism of ZnS-SiO_2 thin films[J]. Mater. Chem. Phys. ,2018,212: 426-431.

[14] XI H, LIU Q, TIAN Y, et al. The Study on SiO_2 pattern fabrication using $Ge_{1.5}Sn_{0.5}Sb_2Te_5$ as resists[J]. J. Nanosci. Nanotech. ,2013,13: 829-833.

[15] XI H,LIU Q,TIAN Y, et al. $Ge_2Sb_{1.5}Bi_{0.5}Te_5$ thin film as inorganic photoresist[J]. Opt. Mater. Express,2012,2: 461-468.

[16] LIN Y,YANG C, YANG C, et al. Deep dry etching patterned silicon using $GeSbSnO_x$ thermal lithography photoresist[J]. IEEE Transactions on Magnetics,2011,47: 560-563.

[17] DENG C,GENG Y,WU Y. New calix[4]arene derivatives as maskless and development-free laser thermal lithography materials for fabricating micro/nano-patterns[J]. J. Mater.

Chem. C,2013,1：2470-2476.

[18]　ZHANG K,CHEN Z,WEI J,et al. A study on one-step laser nanopatterning onto copper-hydrazone-complex thin films and its mechanism[J]. Phys. Chem. Chem. Phys. ,2017,19：13272-13280.

[19]　USAMI Y,WATANABE T,KANAZAWA Y,et al. 405 nm Laser thermal lithography of 40 nm pattern using super resolution organic resist material[J]. Appl. Phys. Express,2009,2：126502.

[20]　CHANG C, TSENG S, LEE C, et al. Dual-photoresist complementary lithography technique for the formation of submicron patterns on sapphire substrates[J]. J. Micro/Nanolith. MEMS MOEMS,2014,13：033004.

[21]　HUANG Y, HUANG R, LIU Q, et al. Realization of Ⅲ-Ⅴ semiconductor periodic nanostructures by laser direct writing technique[J]. Nanoscale Res. Lett. ,2017,12：12.

[22]　YANG C,CHEN C,HUANG C,et al. Single wavelength blue-laser optical head-like opto-mechanical system for turntable thermal mode lithography and stamper fabrication[J]. IEEE Transactions on Magnetics,2011,47：701-705.

[23]　KOUCHIYAMA A, ARATANI K, TAKEMOTO Y, et al. High-resolution blue-laser mastering using an inorganic photoresist[J]. Jpn. J. Appl. Phys. ,2003,42：769-771.

[24]　CHANG C,CHEN J, CHIU K, et al. Phase transition mastering technology for the stamper of blu-ray recordable disc[J]. Jpn. J. Appl. Phys. ,2011,50：09MD01.

[25]　AOKI Y,MORITA K,DEGUCHI K,et al. A low-noise durable transmissive stamper for multi-layer discs using phase transition mastering[J]. Proc. SPIE,2006,6282：62821L.

[26]　YAMAOKA N, MURAKAMI S, SUGAWARA Y, et al. Thermal recording for high-density optical disc mastering[J]. Jpn. J. Appl. Phys. ,2010,49：08KG3.

[27]　MURAKAMI S, YAMAOKA N, MATSUKAWA M, et al. Improvement of thermal interference for high-density thermal recording mastering[J]. Jpn. J. Appl. Phys. ,2011,50：09MD02.

索　引